基于信息处理方法的国学研究论稿

JIYU XINXI CHULI FANGFA DE GUOXUE YANJIU LUNGAO

张焕炯◎著

人民交通出版社股份有限公司
China Communications Press Co.,Ltd.

内容提要

本书是应用信息处理方法研究国学相关专题的阶段性成果总结，具体由“《论语》研究”、“诗词探微”和“关于语言与成语的若干讨论”三个相对独立的部分组成。《论语》、诗词等可看成国学中的典型代表，故把相关研究成果融汇于一炉，形成统一论稿。本书文理兼备，除了采用信息处理的方法外，还涉及对传统观点的辨析探微、美学观点的阐述发挥。

图书在版编目（CIP）数据

基于信息处理方法的国学研究论稿 / 张焕炯著. —北京：人民交通出版社股份有限公司, 2016.9
ISBN 978-7-114-13055-7

Ⅰ. ①基… Ⅱ. ①张… Ⅲ. ①信息处理—应用—国学—研究 Ⅳ. ①Z126

中国版本图书馆CIP数据核字(2016)第121593号

书　　名：基于信息处理方法的国学研究论稿
著 作 者：张焕炯
责任编辑：崔　建
出版发行：人民交通出版社股份有限公司
地　　址：（100011）北京市朝阳区安定门外外馆斜街3号
网　　址：http://www.ccpress.com.cn
销售电话：（010）59757973
总 经 销：人民交通出版社股份有限公司发行部
经　　销：各地新华书店
印　　刷：北京市密东印刷有限公司
开　　本：880 × 1230　1/32
印　　张：8.125
字　　数：200千
版　　次：2016年9月　第 1 版
印　　次：2016年9月　第 1 次印刷
书　　号：ISBN 978-7-114-13055-7
定　　价：45.00元

谨以此书献给
我的父亲母亲

前　言

信息处理方法虽发端于理工科领域，但因它具有严格的学理性和广泛的适用性，使得它在诸如经济、医学、文学等非理工领域中的应用日趋广泛。把相关的方法应用到具体的国学研究中，实现“输入学理、整理国故”的目标，也自然成为一种很有必要的尝试。本书是应用信息处理的理论和方法来研究国学中的相关问题的阶段性成果总结。

本书的形成过程相对复杂，经历了多次的对材料的完善补充和毫不留情的删节。最终所形成的书稿，具体包含三个相对独立的部分，分别为“《论语》研究”“诗歌辨析”和“关于语言及成语的若干讨论”。《论语》是儒家的主要典籍，在独尊儒术的漫长时代中，《论语》几乎成了天下第一圣书，它当之无愧地是国学的主要代表，对它进行基于信息处理方法的研究，不仅可梳理其中的思想，更可获得具有时代气息的新成果。诗歌是有别于辞文的文学样式，它的起源久远，而且与时俱进，体现了持久的生命活力，从信息论的角度分析它的源和流，进而研究诗歌欣赏的规律及相应的特性，构建基于信息处理理论和方法的模式，并通过举例的方式加以补充说明，尤其对诗歌进行基于聚类（Cluster）和分类（Classification）等信息处理方法的研究，为诗歌的赏析、研究分析提供了新的研究思路，深具方法论意蕴。在“语言及成语的若干讨论”部分，简要分析语言的源和流，以及在“音”与“形”等方面的特性基础上，以成语作为主要对象加以具体辨析。成语是一种具体的集语言表述、故事情节等为一体的历史文化的活体标本，它于一词一语间，包含了具体的历史典故和其他约定成俗的意思表述，且具有非常显著的表达效果。作为承载传统文化的载体，它体现了历史语言的厚重感。借用信息理论，把它置于语言与文字的具体发展的视野中加以分析，获得新的具体成果的同时，更可丰富具体的研究思路和方法，对于语言、文字等的深层挖掘和阐述，可起到很好的促进作用。上述的三个相对独立的内容，不仅是国学的重要组成部分，更可被看成为国学中的典型代表，基于这样的考虑，把对这三者的研究所获得的成果融汇于一炉，组成了一个统一的论稿。

作者受家庭的影响，从小就阅读了许多诸子百家、魏晋文学及诗词等方面的书籍，打下了一定的基础。虽后来主要从事信息和通信理论以及工程技术的研究实践工作，但长期以来，未曾把它们丢在一边，而常常把它们看作是增进学养和修持的一个组成部分而加以关注。随着所学、所思的日益深入，慢慢地在内心深处生发了依托于所从事的学术背景，应用信息论的相关观点、方法和手段，对国学中的有关内容进行深入比较、分析和研究的想法，并把这些都形成文字，希望以此为实际的业绩，来证明应用信息处理的研究方法是一条行之有效的治学新途径，从而有效拓展“输入学理，整理国故”的范围，丰富相关的具体内容，这些便构成了撰写本论著的一个主要的因缘。由此，作者怀着虔诚的心，抱着抛砖引玉以及与人分享的愿望，不避浅陋地把它奉献了出来。

敬以该书作为初熟的果子，敬献给我的亲人。亲人的包容、理解和支持，亲人温暖的守望、真挚的慰藉和真切的鼓励，是我前进道路上的最大动力。同时也希望该书得到读者们的由衷喜爱，不仅从中得到知识的拓展，还可得到诸如在方法论等方面的有益启示。最后，敬请读者诸君不吝指教，在提出宝贵建议的同时，指出书中可能存在的错误。

张焕炯

2015 年 3 月于杭州

目　录

第一部分　《论语》研究……………………………………………… 1

一、《论语》散论…………………………………………………………3

二、基于信息处理方法的《论语》研究举偶…………………………41

三、《论语》中的“君子”与“士”的概念辨析……………………85

第二部分　诗歌辨析……………………………………………………… 87

一、关于诗的源和流的辨析……………………………………………89

二、诗词鉴赏之我见……………………………………………………103

三、基于聚类（Clustering）和分类（Classification）方法的诗词欣赏分析…………………………………………………………121

四、诗词欣赏举偶………………………………………………………127

第三部分　关于语言及成语的若干讨论……………………………… 217

一、语言的源与流………………………………………………………219

二、语言的变化特性——变与不变的统一……………………………225

三、成语的形成探析……………………………………………………227

四、成语现象的出现是语言的共性表现………………………………230

五、对成语基于语义信息论的分析……………………………………235

六、成语使用的一般模式分析…………………………………………238

后记…………………………………………………………………………… 247

第一部分
《论语》研究

一、《论语》散论

1. 史话《论语》

《论语》作为儒家的主要典籍，十分受人尊崇，但它并不是一开始就被人们捧为圣书的，它也经历了漫长的演变过程。

起先，儒家作为诸子百家的一家，孔子作为这一派中的大知识分子，是这派学说的集大成者，他不仅很好地继承了这一派的学说，还以有教无类的胸怀，在诲人不倦的敬业精神支配下，开办私学，广收门徒，他把收学生的条件放得非常宽，不管穷富、不管年纪、不管辈分，只要肯学他的学说，那就可以“忝列门墙”。所以，赤贫如颜渊（他的生存条件仅是“居陋巷，一箪食，一瓢饮”而已）以及他的父亲等，都可成为孔子的弟子。孔子的教学方法也很有特色，一是游学，带着这些学生到处跑，去见世面，所谓是行万里路，边看边教边实践，如带着学生见一些诸侯国的国君或大臣，以便于他们学习礼仪之类的学问；带着他们去郊游：“莫（暮）春者，春服既成，冠着五六人、童子六七人，浴乎沂，风乎舞雩，咏而归。”郊游的同时还唱着歌，这样也教授了音乐知识。当然更加日常的方法是坐在一起办“讨论班”，孔子坐在一端，几个弟子坐在两侧，大家就某一个问题展开讨论，这是有具体的语境的，在这些语境中，他常常“不愤不启、不悱不发”，等到关键时刻，做总结性发言，所形成的子曰之类的，自然是他的学生们所学的教学内容了，那是不折不扣的宝贝，估计那时受书写条件的制约，大多以口传心授为主，还没有形成文字或形成具有一定规模的文字体系。如果说孔子不是办私学的鼻祖，那么他至少应是办私学的杰出代表，因为他把私学办得有声有色，规模宏大，弟子众多，所谓的弟子三千，其中贤者就有七十二人，相比较于今天，这么多年来，都出不了一个大师的窘状，孔子的办学则是成绩斐然，他应该得到政府的嘉奖，当然这是后话，但他在世的时候，除了他家添丁时，鲁国的国君送了一条鲤鱼以示祝贺外（我们的孔老先生，如获至宝，因此给儿子取名为孔鲤），其他的则因缺少相关的记述而难以具体考证了。

孔子过了“从心所欲不逾矩”的年龄以后，去见他时常梦见的周公了，他的弟子们感怀孔子的教诲，更重要的是追思儒学门派的大护法的故去，都自觉地为他守灵三年，并造孔林，以表达对老师的感激之情。孔子以后，他的这些弟子们传承老师的衣钵，也开门办学（这在《论语》中也有记载,如“子夏之门人”、“子夏之门人小子”等），其中比较著名的有曾参等。他把从孔子那里学来的那一套传授给自己的学生，并着手组织学生记录相关的文字，这些文字的记录，有些是他的弟子们回忆自己受教的具体情形，有些是孔子的弟子的弟子受教的情景的记叙，因为他们离孔子的时代不远，在同为儒学的门派内，很多的语境是类似的，甚至是相同的，孔子的这些徒子徒孙们都十分了解。所以在做文字记录时就没有写进去，而他们认为有必要记录的，以用来表明本门本派的观点的，则较详细地加以记叙了。当然了，他们认为是本门派的独门秘籍性质的东西，如某些口诀之类，也不大可能用文字的方式记叙下来，这一部分是需要口口相传的，这就形成了最初的《论语》（Analects）的样本。这样，论语成了学习儒家的教材，曾参的弟子们，以及曾参师兄师弟的弟子们，都拿着《论语》做教材，把儒家学说一代一代地传下去，从春期传到战国，一直传到秦代汉代。

在秦汉以前，更确切地说，在独尊儒术的政令发布及实施之前，《论语》的地位与诸子百家中的其他家学说的教材地位相一致。也就是说，它的地位仅在本门本派中有体现而已，还没到独尊的程度，这可从诸子百家的相关文字记录中找到例证，如《庄子》里的一些对儒家学说评价的话，另外还可从《史记》的《太史公自序》中司马谈论述六家的要点的话中找到根据，司马谈老先生所论述的六家为：阴阳、墨家、名家、法家、道德家和儒家，他对道德家的评价最高，名家次之。由此不难看出，那时之前的儒家是诸子百家的重要一家，但同时仅是其中之一而已，由此可以得到这样的结论：在独尊儒术之前，儒家是众多思想流派中的一个重要流派，它的教科书《论语》是本门派内的重要典籍，但尚未上升到独尊的地步。

时代到了西汉，一位叫董仲舒的人，向汉武帝建议，除了“六经”（大致如《诗经》《易》《尚书》《礼》《乐》《春秋》等）和孔子的学说，其他各家的一概禁止。汉武帝接受了董仲舒的建议，并着手照办，这实际上是从中央政府的层面推行了当时的教育改革，这样把百家之学说并存的局面转化为了独尊“六经”和孔子学说的局面，自然《论语》的地位得以提高，从某一门派的教科书，成了众人所必须学的经书（Canon），并设置经学博士对相关经学进行官方的解释。无论是政府任命的博士，还是私自认定的“博士”，著名的如孔安国、马融、郑玄、何晏之类的，都对《论语》做了注解。这样，《论语》从一家学说的典籍，上升到了国家的基本经典之一的地步，它的地位虽已被大大提高，但还未到第一圣书的地步。

随着时代的后移，到了南宋时代，出了一个朱熹，他在考亭讲学，一心要建构宏大的理学体系（哲学体系），他重新注解《论语》，并把它与《孟子》《大学》《中庸》连在一起，构成“四书”，其中《孟子》是由孟子和他的学生公孙丑、万章等共同编成，孟子被称为亚圣，他也是儒家学派内的大知识分子，所以孟子的学说本身就是儒家的学说的一种新教材，而《大学》和《中庸》本是《礼记》里的两篇文章，朱熹把这两书和两篇文章合起来，构成“四书”，并集合各家的注释，编成了带有朱熹印记的新书，朱熹因应孔子“述而不作”的传统，名义上或形式上朱熹注释“四书”，但实际上用这两篇文章、两本书来阐述朱熹自己的学说，因朱熹字元晦，所以“四书”所构建的学说被称为晦学。这样，《论语》被进一步演变，它成了“晦学”的重要组成部分。朱熹死的时候，他的学说是被朝廷（南宋）所禁止的，但过了七十多年，他的“四书”被认定为朝廷（元朝）的官学。从此，自元到明，由明入清，大约在八百年的时间里，“四书”以朝廷的官学的地位成为第一显学，这三朝的读书人都要熟读“四书”，并通过对“四书”的考试获得相应的官职，以晋身官宦阶层，实现人生的光宗耀祖、光大门楣的目标。所以在这八百年的辰光里，《论语》成了读书人必读的第一圣书，它更是读书人获得“黄金屋、颜如玉和万钟粟”的最主要途径，是人人都趋之若鹜的，它的地位当然是达到了极顶。

正所谓物极必反，随着时代的变迁，到了十九世界末和二十世纪初，《论语》的地位开始慢慢降低了。一方面，当然受西化的影响，有些读书人站出来反对人人读《论语》，另一方面可能是更重要的，那就是朝廷或政府通过考试取士时，不再考《论语》的内容了，所以它已不再是最主要的读书资料。尤其到后来，它更被打成另册，似乎有被打翻在地的感觉。虽整个二十世纪，隔三岔五地总有人提倡读经，这当然也包括读《论语》，但应者寥寥，这些构成了《论语》在二十世纪中的处境的大致状况。但到了二十世纪的最后几年，《论语》等国学又慢慢被重视起来，国学热，包括读《论语》热等似乎有悄然成风的感觉，因此，大家有阅读和解释《论语》的热情。这是当下关于《论语》的大致状况。

《论语》从成型到发展成当今的形式，它并不是一成不变的，而是掺和了很多不同时代的东西，这是因为儒学作为一个流派，它与其他的流派之间都是互相影响的，比较典型的，如到秦汉之际，儒家中的今文家的经学深受阴阳家学派的影响，到了魏晋之际，像何晏集注《论语》，就深受道家、玄学的思想的影响，到了朱熹的时代，朱熹重弹“述而不作”的老调，让《论语》等为他自己的哲学体系服务，当然这时的《论语》所含的思想已经不再完全等同于原汁原味的《论语》思想了。

实际上，《论语》的地位变化，也对应地反映到孔子老先生地位的变化。他从一个学派中的大护法、大宗师，一跃而成为贤达之人，实现身后的声名显赫，当然除了拜徒子徒孙有出息外，还需拜董仲舒先生和刘彻皇帝老儿对他学说的推崇，再到后来，他的地位进一步提高，成了“生人未有”，大成至圣的圣人，这一定是与他的学说被推崇到更高的地位相适应的，不光他得享供奉，他的老家孔府、孔庙和孔林也被尊成读书人的圣地，什么南宗、北宗以及历代圣衍公，以及各地的文庙相继出现，他从一个活生生的人，慢慢地被涂粉成了神。这样一直到了陈独秀先生在北大杠上了孔子为止，陈独秀以“毁孔子庙罢其祀”为目的，自他倡导这些以来，文庙等确实少了很多，有一段时间，孔子、《论语》等好像销声匿迹了似的，但这种情况持续时间并不长，孔子的命运与《论语》的命运相类似，慢慢的，大成至圣的像、孔子本尊的雕刻等又出现了，这也姑且看成是时代又在变化的结果吧。

回顾《论语》和孔子地位演化的整个历史，不难发现，董仲舒老先生提出独尊儒术，而刘彻皇帝采纳他的建议的这件事，在整个历史中，是非常关键的一步。在汉朝重新统一中国，并经历了汉初的局部动乱后，通过文景之治的一定积累，到武帝时期，整个天下的局面已经实现了从分裂走向完全统一的转变，这也就是时代从变动不居、互相杀戮、彼此破坏中走向相对安定和注重建设。这需要制订新秩序、拟定新纲常和确定新标准来进行制度建设，就需要寻找最实用的理论学说。比较起来，儒家的应该最适用，一是儒家通晓旧典籍（它把《易》《尚书》《春秋》等都归为自己的经典），并熟悉以前的制度，这对借鉴、参考旧制度来制订新秩序非常有帮助，还有，不得不说，儒家本身就是吹鼓手，他们有把事情进行理想化、理论化表述的高超水平，一些东西通过他们的处理后就能秩序井然、粲然可观。虽然其他诸子的学说也有涉及政治社会方面的，但没有具体的实施办法，就是有，也不完整，难以具体操作。总的说来，儒家的东西更完备、更理想，所以帝皇选择儒家作为建设时期的指导思想，用功名利禄提倡他们所选定的儒学，以此为手段来实现统一思想和确立标准的目的。所以，综合分析当时的条件，独尊儒家也算是理所应当、势在必行的。

2. 对达巷党人赞孔子话的一些新理解

在《论语·子罕第九》中有这么一句话，达巷党人曰："大哉孔子，博学而无所成名。"子闻之，谓门弟子曰："吾何执？执御乎？执射乎？吾执御矣。"在历来的注释中，对这句话的解释比较含糊，存在较大的分歧。这种情况，不仅在国内的研究者中间存在，就是在国外的汉学家之间，也同样存在，如 Frederick Mote（牟复礼，汉学家）和 Benjamin L. Schwartz（史华慈，汉学家），他们把"达巷党人"

理解为“无知的乡下人（an ignorant villager）”。显然把“党”理解为乡下，并不了解党是一个具有固定意义的字。乡党两字，用今天的话来说，比较对应于“城乡”两字，在《皇疏》中有这样的话：“天子郊内有乡党，郊外有遂鄙”，郊是指城的四周，而鄙是边邑、边缘的地方；乡党在天子的郊内，也就是都城的四周以内，可想而知，这些地方应该不会是边远的鄙邑之地。“党”应该是一个居住形式的组织单位，根据郑玄的注释，“五百家为党”，从今天的规制来看，五百家相当于一个村级或社区的单位。但要知道，在孔子时代，五百家的单位组织已经是很大很大了，那个时候的人口远没有现在的人口多，居住远没有现在这样集中。对一个诸侯来说，千乘之国的规模已不算小，倘若每家对应于一乘，那么，一党五百家，相当于半个诸侯国那么大。在天子郊内的“党”组织中的居民，他们既然能在天子脚下生活，那么见解和知识等都不会太过粗鄙，应该是先进知识的代表，他们是有资格来评判一下这位孔老先生的，不说直接受到孔子的学说影响之类的，就是道听途说的、间接的也应该不会很少吧。所以，达巷党人应该是有知识和有见解的，才会有“大哉孔子，博学而无所成名。”的感叹。

再来看达巷党人的赞叹“大哉，博学而无所成名”，按照今天的理解，博学而无所成名应该是一种类似于调侃的话，类似于“样样懂，样样都稀松”，博是博矣，但没有一样达到精通的水准，显然，做这样的理解肯定是不对的。近来有很多人做注解《论语》的工作，如杨伯峻先生等，其他的如在什么讲坛上讲解者，对这达巷党人的赞叹的解释好像是语焉不详。如何具体地、比较合理地解释这句话，以及孔子听到这些话后，谓门弟子曰：“吾何执？执御乎？执射乎？吾执御矣。”成了需要深入探讨的一个问题。

实际上，《论语》是在一定场景条件下的对话记录，对它的理解，需要考虑具体的背景和语境，对很有学识和见解的、居住在都城郊区的达巷党人来说，他对孔子的了解已经非常深刻，他知道孔子是一位全才，几乎对所有领域中的学问、技艺都精通，所以他礼赞道："孔先生，多么伟大啊！他在所有学问上都很博雅，并不是因某一个具体方面有专长而博得名声。"这句话意在表明，在那个时代所有的学问上、技艺上，孔子都是非常精专的，他是一个全才或"十项全能冠军"，所以有"大哉"的发自肺腑的感叹。这位有见识的达巷党人，他是经过仔细比较后做这番表述的，在当时的各项内容中，孔子都是佼佼者，并不是仅仅在某项具体的内容方面出类拔萃让他获得名气，从而闻名于达巷党的。

这位达巷党人可谓是见识卓著，孔子不是被认定为"生民未有"之人吗？在他所处的时代中，孔子的学说涉及了各个方面，包括政治学说（为政）、教育学说等。孔子听到了这位达巷党人的评价，就忍不住与正跟着他的学生讨论了这件事情，也可设置这样的场景：

某位侍立在身边的弟子说道："夫子，有一位达巷党人极力称赞您老人家，说您在学问上、六艺上样样精通，您是一位伟大的人物啊！"

孔子："我也听说了。"

孔子："你们看，我正像这位达巷党人所说的那样吗？不是的吧，他过奖了，我并不是在六艺上样样精通的，在哪些方面还比较好？是在驱使车马的赶车技术方面（'御'方面）？在射箭技术方面（'射'方面）？我想，我应该在赶车技术方面也还凑合吧（言下之意，我并不是样样精通，所列举的御和射方面两相比较，'我'还是比较认可在赶车方面的技术要相对较好）。"他从自省的角度，给出了与达巷党人不一样的评判。

这个讨论到此为止，以六艺作为考察的对象，孔子实际上认为自己并不像达巷党人的评价那样，是六艺皆精的，只可惜他的弟子们对此所持的观点如何，我们不得而知。从这些言辞中，至少让我们知道，这位老先生关心舆论，不被表扬所迷惑，能进行反思，有自知之明，这就是曾子所说的“日三省吾身”的一种具体表现。孔子的身教，让他的弟子也能说出非常有水平的话，可见孔子不愧为良师。

最后，还想说几句关于达巷党人的话，这缘起董仲舒的对策中的一句话：“臣闻良玉不瑑，资质润美，不待刻瑑，此亡（无）异达巷党人不学自知者。”显然，从董老先生的话中，不难理解，达巷党人是无师自通的能人，他们能不学自知，如同还没有被雕琢过的美玉。可见在那个时代的人看来，达巷党人的文化基础是很好的，他们并不粗陋，也不是无知。

还需指出，有人认为这位发表评论的达巷党人就是七岁做孔子老师的项橐，这在《孔子世家》里就有“达巷党人童子曰”的说法，若真如此，孔子真是不折不扣的“三人行，必有我师焉”和“不耻下问”的实践者。不光是达巷党人赞扬他“大哉，孔子！”，我们也要由衷地赞叹“伟大啊！孔老先生，您的好学、躬身自省的美德与日月同辉啊！”

附记：达巷党人称赞孔子是博大精深的人，强调学问和技艺的广博，但当孔子自己总结时，只说了两项内容，一是赶车，二是射箭之类的，两相比较，似乎有互不对应的嫌疑。实际上，还是互相对应的，之所以这么说，那是因为在当时，学问和技艺的门类较少，不像今天分门别类的那样多。从技艺的角度讲，所谓的六艺，也就是分成了六类，它们包括:射、御、书、数、礼、乐。对孔子来说，礼和乐当然是很熟悉的，他心心念念地要恢复周礼，《礼记》更是自己儒学门派的典籍之一；音乐方面一来他曾向师襄学过，二来经常练习，如与弟子们一起“风乎舞雩，咏而归”，可想而知，音乐也是他的强项；至于“数”和“书”，作为儒家的大知识分子，这两项自然不在话下。比较起来，似乎应该考虑“御”和“射”这两方面，因此，有孔子的“吾何执？执御乎？执射乎？吾执御矣”的话，这样看来，孔子仅举这两个方面做比较分析，也确实是理所应当的事，达巷党人的话与孔子的回答两者之间还是互相对应的。

有人认为，“御”和“射”是武的，而孔子向来尚文轻武，所以武的要相对较差，这姑且算是一家之言，实际上赶车的技术和射箭的技术，在很多时候并不仅仅是为军事服务的，那个时代虽然互相交往不多，但也有孔子的游历之举，这说明乘车和赶车确实为交通便利的需要，是一件必备的技术，“射”不光在战场要用到，在举行盛大的仪式时，也需要用到“射”。这是古礼仪之一，所以也是必需的，而且这些都保留了下来。笔者也曾有幸目睹，记得有一次到杭州富阳的龙门古镇游览，观摩了古代仪式的表演，表演中的一个环节就是射箭。

3. 也说孔子的游历及其影响

孔子虽曾在鲁国做大夫，但时间不长。他赋闲在家后，开始筹办私学，但是教授的内容大多是涉及如何做官的（为政）。实际上他开始以一人之力办学，开办了鲁国的政治文化大学，招收各路的英豪，对很多想学文化和政治的人，无论老幼，都纷纷投入他的门下，所以招生环节非常成功。孔子的教学环节也富有特色，就算放在当今的视野来看，他的教学方式也是先进的，孔子真不愧为万世师表。他主要以“坐而论道”的方式教学生，并且师生之间有讨论，这完全可用研讨班来形容，所以有人说他的办学如同“坐商”，这是他教学的主要方式，但也有带着学生游历的举措，这点很像现今的实习教学。孔子开启了带着学生游学的新模式，对他来说，带着学生游历，可以让学生开阔视野，增长知识，最重要的一点是孔子需要宣扬自己的政治主张，希望能有为他展现抱负的平台。当然他所开办的是政治学校，他的绝大部分学生也因有志于为政（做官），跑过来向他学习，因为绝大多数的门人的志愿都是要做官，不愿做官的只有曾点等少数而已。因此，他通过游历的方式，推荐学生做官也是一个重要的原因。这类似于今天的大学毕业生就业，在自主择业的条件下，两千多年来，毕业生就业难可能一直是个老大难问题。在孔子的推荐下，是否有学生在其他地方做官，我们不得而知，但有一些学生在鲁国做官，那是确凿无疑的。这些学生把在孔子这里学到的东西用到了“为政”上，当然遇到什么问题时，也常向孔子请教，所以孔子也有点像顾问的角色。尤其他六十多岁后游历回到鲁国，就在鲁国养老，虽然他乐而忘忧，不知老之将至，但最后几年的生活还是在鲁国度过的，他衣食无忧，安心做他的删节文献的工作，想来还是受到他曾经的门人供给赡养的。

孔子是否是通过带着门人学生走南闯北、东奔西跑地会见诸侯，宣传自己的学说和理想，希望在天下有道中得以彰显自己的第一个人，这一点也无从考证，但他是一个比较早运用这种模式的人的结论大致是不错的。他的游历过程显得较寒碜，而且经常碰到困难，尤其在陈蔡被阻，饿了七天，几乎要被饿死，又“畏”于匡人等。总之是不大顺利的，但他开启的这种模式，不仅在自己的儒家学派中被传承了下来，而且也影响了其他学派的人。

之所以说他的游历方式影响了本门本派，一是他过世后，他的门人学生也带学生，他们同样用了游历的方式，这种方式成为儒学的传统，被保存了下来，在孔子在世前后的春秋时代如此，就是到了战国时代，儒家还保留着这种方式，最著名的莫过于孟轲这位亚圣了。孟轲是战国时代人，他熟悉儒家的经典，在儒家的核心“仁”的基础上，加上“义”，并用“义”来分辨“利”，形成了带有自己印记的儒学新思想，他也带着豪华团队，开始了游历生涯。孟子富有朝气，这可能与他的“养浩然之气”有关，他好辩，言辞有棱有角，词锋咄咄逼人。他游历的规模巨大，常常是“后车数十乘，从者数百人，以传食于诸侯”。他做诸侯的座上宾，住在“国宾馆”（上宫），接受诸如梁惠王、齐宣王、梁襄王、鲁平公等诸侯的接见，坐而论道，侃侃而谈，向他们兜售仁政、王道，来宣扬自己的政治主张，这个过程中，他是摆足了架子的，倘若感到被怠慢，就会拂袖而去，转而到别的诸侯国去了。所以，孟轲老先生凭自己的三寸不烂之舌，纵横捭阖，是非常神气活现的，他虽然不做官，但比做官的还威风。同是儒家的孔孟，在游历方面，孟轲大有后来居上的态势，若把孔孟这两位的教学活动看成商人的买卖（用今天的眼光来看，这也可被看成教育产业化的先声），那么孔子是以坐商为主，行商辅之;而孟轲则是典型的“行商”做派。

但总的说来，他们都是宣扬自己的学说，或坚持自己的学说，多多少少实践着“用之则行，舍之则藏”的原则的。分析他们游历的效果，从他们自身的角度来讲，这些应对诸侯的“应帝王”之策，都没有起到切实的功效。实际上，无论是春秋时代，还是在战国时代，他们的主张并没有得到诸侯国王的采纳，他们几乎处处碰壁，究其原因，他们的主张不适应于当时的具体形势，也就是他们所创导的仁政、王道，以唐、虞、三代等大一统的政治理念作为应对之策，而当时的形势是“天下方务于合众连衡，以攻伐为贤（《史记·孟子荀卿列传》)”。所以，形势比人强，他们的学说不被用于当世。但从长远来看，《论语》和《孟子》在大一统的时代里，成为帝皇所采纳的最主要的学说，孔孟两位都得以享受庙宇的供奉，可大吃特吃冷猪肉，他们还是很成功的。

孔子的游历，不仅影响了本派的后人，实际上还影响了其他学派的能人。在春秋战国之际，游说之士似乎从来没有断绝过，这些游说家，从某种意义上来说类似于外交家，他们往返于不同的诸侯国之间，名义上为所服务的诸侯国出奇谋、设异策，实际上是追求自己利益的最大化的。这可举纵横家为例加以说明：在战国后期的七国争雄中，游历之士常以合纵和连横之策作为游说的手段，所谓合纵就是联合除秦以外的六国来共同对抗秦国；所谓连横就是联合东西各国的意思，秦是西方国家，连横就是各国与秦友善，彼此亲近秦国。合纵和连横本身就是纵横家的囊中之策，著名的纵横家如苏秦和张仪，他们原来都是连横派的，苏秦用连横之策游说秦惠王，并没有得到积极回应，苏秦初战失败，他不能从连横之策中得到富贵，穷得衣衫褴褛，只好悻悻然回到洛阳老家。这时他的家人都瞧不起他，他发奋图强，以悬梁刺股的精神用心读书，花了整一年的时间钻研合纵之策，然后游说六国，这次大获成功，成为六国之相。

这多少有点类似于现今的联合国秘书长的味道，他谋得了财势。再说张仪，这位苏秦的同门师兄弟，起初也是穷得叮当响，被人看不起，被认为是穷而无行之辈，更被怀疑偷了楚相的玉，被吊起来打了几百下，弄得皮开肉绽，伤势很重，他在迷迷糊糊中询问妻子，舌头是否还在，当他听到肯定的回答，就放了心。后来，他投奔苏秦，似乎他们之间有密约，苏秦让他到秦国去游说连横之策。这次，秦王面对六国联合抗秦的形势，就欣然接受张仪的连横之策，张仪就做了秦相，也风光了一番。

这些游说之士，他们是职业的游历者，他们翻手为云、覆手为雨，并没有自己的主张和学说，只是一味地分析形势，揣摩诸侯之君的心意，凭着机智和能辩（舌头之功），想着法子投其所好，以谋得自身利益的最大化，这真如苏秦所言：哪有游说人主不能得金玉锦绣，不能取卿相之尊的道理！

把纵横家的游说与孔孟的作比较，不难发现，虽然已经有较大的不同，纵横家的游说以自己的利益最大化为基本原则，不像孔孟那样，以兜售自家儒学理论为目的，但从游历的形式来看，两者还是有很多相似之处的。由此，似乎可以得出这样的结论：孔子的游历对后世的影响，应该是确实存在的。

4．孔子的教学方式

孔子所开办的私学，实际上就是一个民办的政治大学或政治研习所，他的许多学生都是为学习做官之道来到他的门下的，所以有“子路问政”“仲弓为季氏宰，问政”“子夏为莒父宰，问政”“子张问政”等询问如何进行政治管理的问题，孔子的政治文化大学名声应该很大，连那些不是学生的人如“叶公”“季康子”等都有问政，可见孔子确实起到了政治顾问的角色。在他日常的教学中，教政治恐怕也是主要内容之一，而且教学的方法和手段都很高明，下面的一段话很生动、形象地描述了他教学的具体场景：

子路、曾皙、冉有、公西华侍坐。子曰："以吾一日长乎尔，毋吾以也。居则曰：'不吾知也。'如或知尔，则何以哉？"

子路率尔而对曰："千乘之国，摄乎大国之间，加之以师旅，因子以饥馑，由也为之，比及三年，可使有勇，且知方也。"

夫子哂之。

"求，尔如何？"

对曰："方六七十，如五六十，求也为之，比及三年，可使足民。如其礼乐，以俟君子。"

"赤，尔如何？"

对曰："非曰'能之'，愿学焉。宗庙之事如会同，端章甫愿为小相焉！"

"点，尔如何？"

鼓瑟希，铿尔，舍瑟而作，对曰："异乎三子者之撰。"

子曰："何伤乎？亦各言其志也。"曰："莫（暮）春者，春服既成，冠着五六人、童子六七人，咏而归。"

夫子喟然叹曰："吾与点也！"

三子者出，曾皙后。曾皙曰："夫三子者之言如何？"

子曰："亦各言其志也已矣！"

曰："夫子何哂由也！"

曰："为国以礼，其言不让，是故哂之。唯求则非邦也与？安见方六七十如五六十而非邦也者？唯赤则非邦也与？宗庙会同，非诸侯而何？赤也为之小，孰能为之大？"

这是一个相对完整的 Plot，它既有上课的模式，四位年纪差异很大的学生陪坐（那时可能是席地而跪）在孔子的两侧，然后讨论式的上课开始了。孔子作为主持人，先发起一个话题的由头，说得很实在：因为我比你们年长一些，你们有什么志向之类的就不对我说了（言下之意是：这些学生在课余时间，私下里互相诉说各自的理想抱负，但在老师面前就不说了，可能孔子已或多或少听说到了他们的议论，所以就选了这个主题进行讨论）。平时，你们常说：别人不了解我啊，现在，或许有人想了解你们的志向，你们将会怎么说呢？孔老师抛出话题后，就等着这四位门生的发言了。

第一个发言的是子路，他性子比较急，个性也很直，就火急火燎地说："一个具有千乘规模的国家，夹在大国之间受气，受别国的侵略，又遇到严重的饥荒灾害，在这么危急的状况下，若让我来管理，只要三年功夫，就可以使这千乘之国的人民有保卫国家的勇气，且更可成为懂得礼义的人。"（子路的意思是不仅能办国防，还能办文化教育）

夫子含着意味深长的笑，并没有说什么。

他接着问冉有："求，说说你的，你的志向怎样？"

冉有回答道："一个方圆六七十里，或者为五六十里的（诸侯）国家，若让我来管理，那么不出三年功夫，我可以使得它国富民足。至于礼乐等的教化，那可得等待贤德之人来处理。"（他言下之意是可以把经济搞上去，至于文化教育等，则需另请高明）

孔子没有说什么，接着问公西华："赤，你的志愿又如何呢？"

公西华很谦虚，缓缓说道："不能说能做什么，我还需要向先生您好好学习呢（这是一句恭维孔子的话，让老师高兴高兴），如宗庙祭祀，以及诸侯之间的盟会，一同觐见周天子之类的大事活动中，我愿头戴礼帽、身穿礼服，做一个小小的办事官员！"

这个研讨班在具体进行过程中，还有音乐伴奏，具体操弄音乐的，就是曾点（曾皙），他用鼓瑟伴奏着子路、冉有、公西华等的慷慨陈述。他们都说完了，孔子就问曾皙："点，你的志向又怎样？"这时，鼓瑟的声音慢慢变稀，"铿"的一声，停了下来，曾点把瑟放在一边，直起身子，说道："我的志向不同于这三位所说的。"（这三位都有志于做官，甚至做大官，如宰相之类的，而曾点的志向与他们不同，所以第一句就开门见山，说出了他的不同，先说出这一句，要看看孔子对他不同于做官的志向有何看法）孔子不愧为好老师，他对大学生都是一视同仁的，就做了一点铺垫和启发，说道："那有什么关系？大家只不过各自申述自己的志愿而已。"曾皙回答道："暮春时节，穿着春装，（带着）五六个成年人，六七个少年郎，在沂水中沐浴，在舞雩上吹风，然后唱着歌回来。"

孔子听到这里，很有感慨地说："我的志向与曾点的相同啊！"

这样，每位同学都发了言，孔子也表明了对谁的志向的认同。讨论到此结束，坐在两侧的学生相继站起来走出教室。

曾点走在最后，他对这次讨论意犹未尽，还想问问老师，所以就有下面的课后答疑。

曾点问："老师，这三位同学说得怎么样？"

孔子答："没什么，只是各自把自己的志向说出来而已。"

曾点听课很认真，老师笑子路的场景他是看得一清二楚的，就问道："那么，老师您为何笑子路？"

由此，孔子对这三位有志于做官的学生的话展开评价，孔子说："治理国家要用礼，子路说得不谦虚，所以笑他；那么，冉有说的难道不是诸侯国中的大事吗？谁说方圆六七十里或五六十里的不是诸侯邦国啊；难道公西华所说的不是诸侯邦国的事吗？宗庙祭祀、会盟诸侯、一同觐见天子等事情的，不是诸侯的事情是什么的事呢？公西华说替诸侯做这些事仅是小事而已，那么，还有什么事才算得为大事呢？"

这个教学场景过程的记叙，结构完整，富有故事情节，而且形象鲜明，除了各位学生的志向表述得清清楚楚外，这四位学生的个性、性格也鲜明的表现了出来。先说冉有，他强调自己的经济才干，看似谦虚中展现出了很高的自我期许。再说公西华，他扭捏作态地说是要学啦之类的，实际上，口气是非常大的，他要为诸侯办宗庙祭祀、会盟等事，这些都是头等大事，若由他来办，那不是大宰相之类的又是什么呢？所以他虽委婉，但志向是非常远大的。再来说子路，他耿直而急躁，类似于想到什么就说什么的，说话也不知道转弯，所以，孔老师要哂他，又说他“其言不让”。最后是曾点，他不想做官，而且在上课时做鼓瑟，用音乐作伴奏，他显得从容而自信，看似只希望做一位教师或教育家，但通过办教育来实现他的“天下归仁”的思想是非常明显的，这就是“为国以礼”的意思。实际上，他的志向更远大，难怪孔子会喟然叹曰“吾与点也！”总结起来说，三位的志向是做官，他们的希望实现现实（现世）的功绩，而曾点的志向是实现儒家最核心的“仁”的教化，希望实现万世（永恒）的功绩，再加上与圣人（孔子）的志向相同，就成为“曾点气象”。

孔子对子路、冉有、公西华等有志于做官的学生也有自己的看法，这可从下面的《论语》章节中得到：

孟武伯问子路仁乎？子曰：“不知也。”又问。子曰：“由也，千乘之国，可使治其赋也，不知其仁也。”

“求也如何？”子曰：“求也，千室之邑，百乘之家，可使为之宰也，不知其仁也。”

“赤也如何？”子曰：“赤也，束带立于朝，可使与宾客言也，不知其仁也。”

这两相对照，不难发现，为什么孔子赞同曾点，因为他抓住了儒家的核心思想；而有志于做官的学生，只是强调一时的功名业绩，而忽略了“仁”，让老师说是“不知其仁”，从学生传承老师学说的衣钵的观点来看，这三位恐怕都没有达到孔老师的要求，所以有喟然感叹之意了。

那么，孔子自己的志向是什么呢，这在另一次讨论班上有具体记述。

颜渊、季路侍。子曰：“盍各言尔志。”子路曰：“愿车、马、衣、裘，与朋友共，敝之而无憾！”颜渊曰：“愿无伐善，无施劳。”子路曰：“愿闻子之志。”子曰：“老者安之，朋友信之，少者怀之。”

由此不难看出，孔子的志向并不是仅仅局限于千乘之国，或方圆几十里的诸侯及管理宗庙祭祀、诸侯会盟，在共同觐见天子等上面一展身手。而是实现天下的大同，天下的百姓都能安居乐业而富有“仁”和礼乐，这“老者安之，朋友信之，少者怀之。”可算得是实现志愿理想的具体指标。

作为本节的结束，额外说一下子路的性格，他的个性耿介、急切和火爆、富有勇气，这不仅可从子路自己的话“千乘之国，摄乎大国之间，加之以师旅，因之以饥馑，由也为之，比及三年，可使有勇，且知方也。”中可见一斑，还可从孔子的话中得到具体印证。

子曰：“道不行，乘桴浮于海，从我者其由与。”子路闻之喜。子曰：“由也好勇过我，无所取材。”

5．孔子的教学内容

孔子为万世师表，他是全能型的老师，几乎包办了所学的学科，但还是有所侧重的。在《论语》中有：

樊迟请学稼。子曰：“吾不如老农。”请学为圃。曰：“吾不如老圃。”

樊迟出。子曰:“小人哉，樊须也！ 上好礼，则民莫敢不敬;上好义，则民莫敢不服；上好信，则民莫敢不用情。夫如此是，则四方之民襁负其子而至矣，焉用稼？”

这段《论语》告诉我们，樊迟同学想向孔老师学如何种庄稼，孔老师说，我的知识和技能不如老庄稼人（老圃）。樊同学想学习种植蔬菜、花草和树木等技术，孔子回答他：“我不如专门种植这些的老手。”

这段话至少说明，孔老师是一个实在人，他以实相告，在种庄稼和种植苗圃方面，他不是最好的老师，但并不是说，他一点都不懂，他是懂得如何种庄稼、种花草的，但他认为有更好的东西可以学，而且可得到比种庄稼和花草更好的回报，那就是学习政治。因此，针对樊迟的想学种庄稼和种花草，就发出这样的感慨:樊迟啊，你就是一个不懂道理的毛孩子！学习政治，将来作为一个为政者，那么只要你喜好礼教，老百姓没有不尊敬你的；你喜好仁义，老百姓没有不服从你的；你喜好诚实守信，那么老百姓没有不是真情实意的。若这三者都做到，那么四面八方的老百姓都会怀抱着襁褓中的孩子来归顺你（他们都会种庄稼、种苗圃），你自己还用得着种什么庄稼和花草苗木呢？

这段话实际上反映了孔子在教学内容上的侧重,他主要是讲“为政”的，也就是他的政治大学中以“政治”为中心，其他的则是辅助或点缀而已，而且有了政治上的成就，其他的都可更加轻易地获得。这一点也可从下面的文字中得到印证：

子曰:“君子谋道不谋食。耕也,馁在其中矣;学也,禄在其中矣。君子忧道不忧贫。”

这言下之意就是君子只要学习就可以了,学好了,可去做官（为政），那么，由于禄在其中，就不怕没得吃，而学习耕作等农事，虽然也有饭吃，但也包含着“馁在其中”，馁就是饥饿。他的意思就是，若只是学习耕作，饥饿也是难免的。两相比较起来，当然是“学也，禄在其中矣。”来得更好。把这段话对照着来读，则可更好地理解“樊迟出，子曰”后的一段话的意思了。

除了上面所述的，在《论语·卫灵公第十五》中还有：

卫灵公问陈于孔子。孔子曰：“俎豆之事，则尝闻之矣，军旅之事，未之学也。”明日遂行。

这一段话也是在一定的背景下所说的，卫灵公贵为诸侯，估计会见孔先生时问了很多有关军事方面的问题，孔子回答地非常有礼有节，在拒绝之前先说了“俎豆之事”是听说过的，这里“俎”是用来祭祀或宴请是用来盛东西的器皿，这里用俎豆之事，实际上是指代具体的内政管理，相当于做宰相；而军旅之事，则是相当于做元帅或将军。孔子告诉这位诸侯，让他管理内政，做宰相则是能胜任的，但让他领兵打仗做“统帅”，则因“从前没有学过”，就不能胜任。根据这样的谈话，孔子似乎已经感觉到，他不大可能在卫国实施自己的抱负，因此，就在第二天准备离开了。

孔子是有自知之明的，虽然自己博学多能，但并不是每项都是一样强，比较起来，他没有参与过军旅之事，也就是没有领兵打过仗，所以在军事上要相对弱一些，但他并不是在该领域上一无所知，否则的话，子路就不会说：“千乘之国，摄乎大国之间，加之以师旅，因子以饥馑，由也为之，比及三年，可使有勇，且知方也。”子路的军事技能，很多也是从孔老师那里学来的。无疑，以宰执祭祀等事宜为内容的工作则是早已听说并见习过，是完全可以做好的。卫灵公不问他最擅长的，而是有意问他所不是特别精通的，一种非常明显的解释，就是搪塞孔子而已。以生民未有的孔圣人的智慧，对卫灵公的观察完全是洞若观火，是非常清楚的，所以这件事情发生后，孔子就死心了——在卫国也不能发挥自己所长，只有拟议离开，而且非常决绝，第二天就走。

通过对以上两段《论语》的举例分析，不难发现，孔子的教学内容主要是政治，也就是关心如何更好地从内政上做治理，但也涉及军事、经济、农业等。他带着学生着重研究政治，所以，他的应帝王之策是非常丰富的，但遗憾的是，不被他同代的诸侯们所采用。

6. 对“子见南子”的一点新辨析

子见南子，语见《论语·雍也第六》中的开头：

子见南子，子路不说。孔子矢之曰：“予所否者，天厌之！天厌之！”

有人（如王元化先生等）认为，这一段是最难解释的，历来有很多注、疏专家，对这一段做了很多的注疏，但在今天的语境来看，似乎都有一些生硬，不能让人觉得语言和意境都很通顺。这些主要集中于两点，一点是孔子见南子是否合乎礼，另一点是对“孔子矢之曰：‘予所否者，天厌之！天厌之！’”这句话的理解。

对这两点，这里给出一种新的辨析。

在《史记·孔子世家》中也较详细地说及子见南子这件事，具体有如下的文字：

灵公夫人有南子者，使人谓孔子曰：“四方之君子不辱欲与寡君为兄弟者，必见寡小君。寡小君愿见。”孔子辞谢，不得已而见之。夫人在絺帷中。孔子入门，北面稽首。夫人自帷中再拜，环佩玉声璆然。孔子曰：“吾乡为弗见，见之礼答焉。”子路不说。

这些文字应该是可信的，因为司马迁在汉初写《史记》，他所处的时代让他具备拥有较丰富资料的条件，而且他也有足够的史识，所以姑且把《史记·孔子世家》看成信史。

从这段话中不难看出，孔子带着子路等游历到了卫国，住了下来，卫灵公的宠姬南子很想见一见孔子这班人马。起先孔子不愿见她，可能他不仅已经知道这位卫灵公夫人是专权者，而且还多多少少听说了她的“美而淫”。但在人家的地盘上，当然不得不低头，最后孔子只好硬着头皮“不得已而见之”，估计孔子见她的心情也不会很愉悦的。见南子时，子路等应该跟在后面，也是参与其事的。见面的过程大致是：南子在絺帷内，而孔子从向南的门中走进去（面朝北），对着絺帷稽首行礼，南子也从絺帷中向孔子还礼，此时，她佩戴着的玉石互相碰撞，发出了清脆的响声。礼毕，然后应该隔着絺帷做交谈。估计谈了好一会儿，然后结束这次会晤。

这次见面，也可算是孔子带着学生游历问学的一部分，子路等学生虽然也见过一些世面，但如此跟着夫子见一位妖艳的女人恐怕是第一次。尤其在互相行礼时，那叮叮当当的声音让生性火爆、脾气很大的子路很看不惯，再加上他们本来见南子就老大不情愿，很有怨气，所以子路同学的脸色就非常不好看，把不悦很明显地摆了出来。孔子也是有很多的不情愿，但他是老师，应该有所垂范，所以就安慰和开导这位生性火爆的学生：“吾乡为弗见，见之礼答焉。”言下之意是，我原来就不想见面的，但既然见了，总要互相行礼还礼的呀。

在接下来的语境下，作为教学的一部分，子路等一班人，对这次的见面要有所讨论，分析各种情况，各自发表意见，最后由圣人做总结，他此时所说的话并不像平时那样平和又婉转，而是很直率地（这里把“矢”理解为直，像箭一样直，即直接、直率的意思）指出：“予所否者，天厌之！天厌之！”用现在的话说：“上天给了她美貌但并不给她美好的品德，她没有做到好德如好色，这些是我们所不能接受的，看来是上天讨厌她吧！是上天讨厌她！”

孔子不愧为圣人，他在被逼无奈下，见了南子，通过对南子的观察交谈，很直率地指出，她的这种行径与我们的理念是不相符合的，而且进一步把南子的命运也预测了，是“天厌之！”他们不久就离开了卫国，后来果不其然，南子死于非命，没有善终。

这样把“子见南子”这件事放在具体的语境中，可能对相关文字的理解会更确切一些。孔子不被传言所惑，硬着头皮见南子，这完全可被看成是“视其所以，观其所由，察其所安。”和“众恶之，必察焉；众好之，必察焉。”的一种具体体现，是孔子注重调查研究的作风的体现。他不仅对南子做了观察，而且对卫灵公也做了观察，给出了“已矣乎！我未见好德如好色者也。”（《论语・卫灵公第十五》）的结论。此外，孔子对卫灵公的看法还有，子言卫灵公之无道也，康子曰:“夫如是，奚而不丧？”孔子曰:“仲叔圉治宾客，祝鮀治宗庙，王孙贾治军旅。夫如是，奚其丧？”（《论语・宪问第十四》）。所以这就是孔子所说的“予所否者！”，这也从一个角度给出了孔子的“大道不行”的一个原因。

相比较于其他的各种说法，这样说似乎更合理一些，这不仅回答了孔子是否应该会见南子，还解释了孔子所说的话，这样似乎更应该适合圣人的身份特征。这样理解，不知道算不算是师心自用，愿有识者提出批评指教。

作为补充，也顺便说一下因为“子见南子”所引起的官司。在二十世纪二十年代末，林语堂写了一个独幕剧《子见南子》，山东曲阜第二师范把它搬上舞台，结果被孔氏六十户控告到国民政府的教育部，那时的部长蒋梦麟、山东教育厅厅长何思源、曲阜第二师范的校长宋还吾都与北大有关系，这俨然要成为北大与孔家（宋还吾所说的巨室）之间的对掐，宋还吾据理力争，但最后还是被撤职。鲁迅先生对这件事整个过程中的往返文案及宋还吾答记者问等文字做了详尽的整理编辑，这些已作为珍贵资料保留了下来。

7．孔子骂人

孔子是教育家，他更是君子，君子的那些美德都在他身上得到了完美体现。这真如子贡所说："夫子温、良、恭、俭、让以得之。"又"郁郁乎文哉"是一位温文尔雅的人，更是具有"仁者，爱人"的美德者。照道理讲，他的语言充满春风化雨般的温润，是温暖人心的良药；他的行为更是如日月悬挂在天，是那样的明朗和明昶。别人看着他的行为，如同在寒天里面对温馨的太阳，在黑夜里见到清朗的明月。在一般人的眼里，孔子是圣人，他教育学生时，既不会骂人，更不会打人，这样才符合圣人的标准。

但事实上，孔子不仅有雷厉风行，生气骂学生的时候，甚至也有动手打人的时候，这在《论语》中有具体的文字记载。

在《论语·公冶长第五》中有：

宰予昼寝。子曰："朽木不可雕也，粪土之墙不可圬也；于予与何诛？"

宰予是孔子的学生，他应该在跟着孔老师学习，那时他们大多应该是席地而坐的，这种情况实际上在魏晋的时候还存在，这可从"割席断交"的故事中得到印证。

在某一个大白天，孔子督导学生学习，或大家侍坐两旁听孔老师讲课，但独有这位宰予，在大白天睡着了，而且睡得香。孔子看在眼里，急在心里，大白天正是读书学习的好时光，宰予不好好学，居然睡着了，白白浪费大好时光。孔子就训斥他，骂他："朽木不可雕也，粪土之墙不可圬也。”这两句话，已经成为传统的骂人话，用今天的话说：(你这个家伙，真是不要好)，(如同)已经朽坏的木头，不能雕刻加工了，用粪土垒砌起来的墙，不能做粉饰了。可见，孔子骂人是很凶的，把宰予比作了朽木和粪土之墙，以说明本质不好，是扶不起来的“阿斗”。孔子这样气鼓鼓地说宰予，估计是对他白天睡觉的行为有点儿“是可忍，孰不可忍”的味道了，所以已不顾平时文质彬彬的君子风范，以当头棒喝的“狮子状”来教育这位宰予同学。

实际上，孔子的骂人，也是很有学问的，实际上，从骂人的言辞中，体现了孔子的教育理念，那就是教育是附加在“人”之上的后天行为，如同“雕”和“圬”那样，教育要达到预期的效果，首要的因素是“人”。人的本质好，那么外加成功的“雕”和“圬”等手段，这样就容易出成果。

进一步，我们要看到，孔子虽然这样骂宰予，认为宰予自甘懒惰不要好，很生他的气，但他还是认真地教他，骂他的话虽很难听，但确也是教育的一部分。哪怕早知道宰予如同朽木一般，孔子还是这样在意他。这里面更包含了一层深意，那就是，哪怕真是朽木，也要把它雕刻好。这就是孔子作为一位教育家的伟大了，实际上生动地诠释了他“有教无类”的理念。

此外，在《论语·宪问第十四》中有：

原壤夷俟。子曰：“幼而不孙弟，长而无述焉，老而不死，是为贼。”以杖叩其胫。

据《孔子家语》，鲁国人原壤，原是孔子同时代的人，他堪可被看成孔子的“发小”，原壤的行事为人很有个性，在《礼记·檀弓》中，记叙了这样一件事，他母亲过世时，不仅不哀伤，而且还挺着肚子大声唱歌。他也不大懂得孝悌之类的。这些，作为老友的孔子都是有看法的。

原壤已是老大不小了，这次来见一见老朋友，到了孔子的家，见孔子不在，他就“夷坐”着等待（夷，等待的意思），何谓夷坐，就是把两条腿分开而坐，这样显得很随意，似乎并不合乎那时的礼仪，只是一味地图轻松随意而已，甚至如同挺着肚子唱歌那样。孔子进来了，见这位老友还是这副德行，让他想起了原壤过去的种种。另外，原壤见到了孔子，很可能也说了一些不怎么得体的话，这些话在《论语》里没有提到，结合这个场景，孔子看着这位已经很老的朋友，就说出了这样的话，用现在的话说就是：原壤啊，你年轻的时候，不讲究孝悌，随着年纪增大，又没有好好做事，以至于没有可用来记述（述说）的成就，现在老了，还苟活在世，这真是“老不死的贼”啊。骂完了，还用手杖敲了敲原壤的小腿（以示他对原壤“少而不孝，壮年无所作为，老来还不学好”而痛心的感受）。他骂得很严厉，且又包含了无尽的同情，大有“爱之则深，责之则切”的感觉，这也是圣人之教。估计原壤听了这样的话，对自己的人生还是有很多感悟的吧。

实际上，通过这段骂人的话，我们至少可以了解孔子的行世为人的一些基本原则。一是他对学生的骂，显得非常的“恨铁不成钢”，但就是这样，他还是要认真地教他，大有知其不可为而为之的积极态度。二是对原壤的骂声中，我们多多少少能感受到孔子与原壤的差异有多大，但就是有这么大的差异，他们还是朋友，这就体现了孔子的“和而不同”“周而不比”的君子风范，孔子不仅是这样教导学生的，也是这样做的，可谓是言教和身教的统一。三是从孔子骂原壤的话中体现了他的一个基本思想，那就是“家庭、事业”以及“修身，治家，平天下”也就是从自身做起，从家庭做起。四是，通过孔子骂人，也体现了他是活生生的人，而不是死板的圣人或神。

8．孔子时代的隐士

《论语》实际上还记述了孔子时代的世态，尤其记叙了当时的社会思潮。这一点对了解那时的社会，有直接的帮助。

孔子在游历中，有机会见到各式各样的人，遇到各式各样的事。他作为儒家的大知识分子，名声在很多“乡党”和“鄙邑”早已传开，所以有达巷党人的议论纷纷。他通过游历，还促进了各学派之间的交流，同时，让后人了解到儒学在当时的生存和发展状态。

孔子遇到了好些人，这些人对儒学的看法大致可分为三类，一类是积极评价的，如达巷党人的评价；一类是持相对中立态度的，如：

子路宿于石门，晨门曰：“奚自？”子路曰：“自孔氏。”曰：“是知其不可而为之者与？”这句话非常精准，从本质上说出了孔子的理念与现实之间的不可调和。可见，这位管理早上开启石门的人，是非常了解他们所处的时代的。他仅是用这样平和的话来表达对孔子的看法，表面上看来是持中立的态度，但实际上包含了很丰富的情感，这里面有对孔子的执着的不理解、同情、惋惜等，大有让人发挥想象的空间。

这位晨门者，应该是一位隐士。

还有一类，则是对他取笑讥讽的，由此也可看出，这些人对儒家学说持鄙视的态度，在《论语》中有：

楚狂接舆歌而过孔子，曰：“凤兮凤兮，何德之衰！往昔不可谏，来者犹可追。已而，已而，今之从政者殆而！”孔子下，欲与之言。趋而避之，不得与之言。

这段《论语》里的话，不仅说明孔子的思想与楚人的思想有交集，而且也说明这位楚国的狂人接舆放浪形骸的同时，所持的见解且非常深邃。他很可能路过孔子他们的车队（孔子因做过大夫，游历时是坐车的），因为对孔子有看法，且通过唱歌的方式来表达："凤凰啊！凤凰啊！您的美德被看轻的程度是多么深啊！过去的，已经不必说了，要来的，有机会还可追求得到。完了，完了，现今的执政者的处境已经很危险了啊！"孔子听到这些唱词，内心也产生了很多的感慨，同时大致也知道了这位楚狂可能是身手不凡的隐者（Hermit），所以很想去与他谈谈，而这位狂人避开了他，孔子不能与他有所交谈。在这里，接舆不愿与孔子交谈，明显地表明了自己的态度，那就是"道不相同，不相与谋"，更表明了对他的一种不认同，也是一种"狂"的具体表现。

还要看到，整个《论语》中，用到"兮"的非常少，而这里有出现，更是通过一位楚人之嘴，这是否可以说明一个现象，"兮"字是楚人常说的一个字，能被孔子及其弟子们所理解并记录，至少说明在春秋的孔子时代，楚文化已经与以齐鲁等为代表的中原文化有了交融，或更深一层，楚人对齐鲁等的文化的研究已经很深入了，他们对以孔子为代表的儒学的见解，也有了深刻的理解，这反映了对中原文化的一种较高的认识水平。这一点值得重视。是否可以这样说，虽然儒学理论在孔子的时代不被当政者所用，但人们还是了解这个学说的，这一点为后来的儒学独尊打下了基础，因为儒学的普及性好，有优先被考虑的便利，所以在时机成熟时，可以脱颖而出了。

楚狂接舆实际就是一位隐士，有人对他进行了考证，他姓周名通。楚狂接舆以具体的行为方式来讥讽孔子，表达了对孔子的学说和主张的不认同。除了他，还有用语言直接表达对孔子鄙夷的：

长沮、桀溺耦而耕。孔子过之，使子路问津焉。长沮曰："夫执舆者为谁？"子路曰："为孔丘。"曰："是鲁孔丘与？"曰："是也。"曰："是知津矣。"问于桀溺。桀溺曰："子为谁？"曰："为仲由。"曰："是孔丘之徒与？"对曰："然。"曰："滔滔者天下皆是也，而谁以易之？且而与其从辟人之士也，岂若从辟世之士哉？”耰而不辍。子路行以告。夫子怃然曰：“鸟兽不可与同群，吾非斯人之徒与而谁与？天下有道，丘不与易也。”

长沮和桀溺，对这位鲁孔丘和他的学说已有很深入的研究，在内心早已有成见，这次终于有机会来表达对孔子的鄙夷了。因为他们在河渡口边上的田地里合作耕作，孔子一行人正路过那边要过河，被“迷津”，这时孔子派子路去问渡口（津）在哪里，子路就走到这两位边上询问。估计他们两位也大致猜到一帮人就是孔子他们，长沮先不回答渡口在哪里，而是问那位执辔的人是谁，当子路回答是孔子时，他就马上问是否是鲁孔丘，等得到肯定的回答后，长沮就没好气地说了：“他啊，怎么会不知道渡口呢？”说完就不再搭腔了。这是一句意味深长的讽刺话，包含了对孔子的根本性的否定，长沮认为，孔子奔走贩卖自己的学说来拯救世道人心，要实现“天下归仁”的政治理想，他是很乐意为当政者指点迷津的。表达了对孔子的学说和行为的鄙视。

子路碰了软钉子，只好问桀溺，这两位确实是“耦”（配合得非常好），桀溺先也不回答，而是问子路是什么人，当得知是孔子的门徒时，他接下来所说的话就不怎么好听了，首先他说，现在的世道的败坏之态势如同滔滔的江水那样来势汹汹，谁能（有能力）把这种世道改变得了？（你）就这样与其拜避人之士为师，还不如拜（我们这样的）避世之士为师来得更好？他一边说，一边不停地用土盖种子。子路并没有从这两位老兄那里问得如何渡口在哪里，只好返回，把刚在的经过讲给了孔子听，孔子怅然而感叹道：鸟兽不能与人共处为群，我不与世人打交道，那么与谁打交道呢？倘若天下有道，我孔丘就不出来力图改变世道了。（正因为天下无道，人心日坏，我才不得不出来奔走号呼，力图改变这败坏的世道）

从桀溺的话中，需要辨别这两个词，一是“避人之士”一是“避世之士”。从桀溺的话里，不难看出，孔子是“避人之士”，而他们自己是“避世之士”。实际上他话里的意思是，你与其跟着到处碰壁的人，还不如跟着我们根本不与世人打交道的隐世之士。变相地说就是：跟着孔子不被世人所用，我们隐士也不被世人所用，还不是一样吗？这话虽说给子路听的，实际上就是鄙视孔子明明不被世人所用，还如此积极地、辛苦地做“改变世道”的事。从结果来看，孔子这样的“避人之士”与隐士那样的“避世之士”都是一样不被当政者所用，但他们的人生态度是不一样的，孔子是积极的（positive），而这些隐士是消极的（passive）。孔子正因为积极地入世，明知不可为而为之，这才更加难能可贵。

再来说这两位隐士，虽然他们应对天下无道的办法是把自己藏起来，不愿为改变世道的这种状态而出力，但他们实际上洞察这个世道，外表的冷酷实际上包含了内心的热切。他们亲自劳作，又通力合作，做到自食其力，还是很不容易的。此外，他们不认同孔子的做法中实际上还包含了对孔子的一种关切，他们并不是对世道人心真的一点都不关心，否则的话，当一听到孔丘的名号，怎么会说鲁孔丘呢？

这两位可以被看成以冷眼看世界的遁世之士，他们实际上从遁世中回归林泉，回归自然，从而更多地去观察研究自然去了，说不定是道德家中的一种，是道家的归隐派或是农家的先驱？这里仅是猜测而已。

孔子还遇到另一隐士，他很神秘，很有点儿像《庄子》中所描述的味道。在《论语》中有：

子路从而后，遇丈人，以杖荷蓧。子路问曰：“子见夫子乎？”丈人曰：“四体不勤，五谷不分，孰为夫子？”植其杖而芸。子路拱而立。止，子路宿，杀鸡为黍而食之。见其二子焉。明日，子路行以告。子曰:“隐者也。”使子路反见之。至,则行矣。子路曰:“不仕无义。长幼之节,不可废也;君臣之义,如之何其废之?欲洁其身,而乱大伦。君子之仕也，行其义也。道之不行，已知之矣。”

这里所说的是子路跟着游历时掉了队，估计过了较长的时间，一下子找不到孔子他们的一队人马了，只好向路边的老者打听，那老者用拐杖挑着用来耘田除草的蓧，正往自己的田间走去。子路赶上去问他：“您老有没有看到我的老师？”老丈一心想着自己田里的庄稼，有点儿不耐烦地说：“我还没开始活动我的四肢用蓧来耘田间所谓草，还没有把草与五谷分开，我哪管得了你的夫子在哪里？”然后便扶着拐杖去田间除草了。子路因为不知道孔子他们在哪里，只好拱着手恭敬地站在一旁。等老人耘完田，子路还在那边站着，他就领着子路到他家去住宿，到了家，老丈还杀了鸡，做了粟米（小米）饭给他吃，子路还与他的两个儿子见面叙谈。第二天，子路赶上了孔子，把所遇到的事情告诉了孔子，孔子由此判断这位老丈是个隐士，就要求子路回去再拜访他。子路返回到那老丈的家，发现老丈已经走了。子路由此不由得说道：不出来为政是没有担负道义的（表现）。长幼间的关系，是不能废弃的；而君臣间的关系，因与之相类似，怎么能废弃呢？想要洁身自爱，但因隐居而破坏了根本的君臣伦理关系。所以，君子为政，是君子所应负的道义责任啊，像老丈这样的人（君子）不出来为政，我们所坚守的道难以畅通，这是显然可知的事啊。

孔子在游历过程中，所遇到的狂人等，实际上都是那个时代中的隐士，他们也抱着“世人皆醉而我独醒”的一种高傲之态，用冷眼看世界，似乎更看不惯孔子那种的方式，所以与孔子的机锋交涉中，多有一种冷讽之意。孔子则明知自己的学说难以在现实中实现，但仍旧积极宣传，希望能为当政之人所用，从而把天下无道，转变成天下有道。这种愿望是难能可贵的，他确实是一个无可救药的乐天派。

所以，虽然孔子也强调：用之则行，舍之则藏。但他更多的是以吾道“一以贯之”的坚毅来做这件事。就凭这一点，他不愧为儒家学说的集大成者，更是大护法。

9．关于孔子谋生与治学的一点辨析

孔子一生中的经历非常丰富，除了开办孔记政治文化大学外，还做了鲁国的大司寇之类的部会首长，以及从列国游历回来，专门做案头的研究工作，直到最后见周公去。在他漫长的一生中，历经了而立、不惑、知天命、耳顺和从心所欲不逾矩的各个阶段，他如何做到谋生和开办政治文化大学，谋生与治学的完美结合的？是否是依靠办学、治学来谋生的？这一点不仅涉及了圣人的具体生活，还涉及他对当时社会阶层的根本看法，外加他是大成至圣，他的很多观点可以深远地影响后世儒学中的徒子徒孙，甚至影响后世的整个士林的，所以考察他的谋生与治学之间的关系是一件有意义的事情。

实际上，对孔子来说，他的谋生与治学并不是紧密结合的，也就是它并不依靠治学（做学问）来谋生，也就是并不是通过做学问来获得赖以生活的资本，他不仅在鲁国做部会首长的官员，也就是“大夫”，可以获得一定的生活来源，甚至当生孔鲤的时候，还得到鲁国国君的礼物，除此之外，他还做了委吏和承田这样的小职员，根据职位要求，把工作做得非常出色，以此来获得生活的来源。可以想象得到，做委吏和乘田的工作是非常具体而琐碎的，与他的“中庸之道”和“仁”等儒学相差甚远，但这不影响互相的兼顾，而是很和谐地统一到了一起。所以，孔子是确确实实实现了谋生与治学的分离。

孔子把谋生与治学进行了分离，实际上可看成是治学中的“独立之精神，自由之意志”的生动体现，可谓是这种治学境界的一座高峰。正因为这种分离，他不必靠贩卖学问和学说来获得谋生的资财。所以，虽然他的学说是“大道不行”——也就是到处碰壁，但他还是可以一以贯之地坚持下来，不光自己坚持下来，还可开办孔记政治文化大学来传授门徒，这需要足够的财力做支撑，除此外，他还乘两匹马所拉的车❶，带着学生跑东跑西地游学，要知道，外出游学,无论出国（洋）还是不出国（洋）,都是以充足的财力为前提的。

孔子的这种不靠贩卖学问来谋生的方式，实际上也在很长时间内影响着后世的著书立说者。很多创立学说者，或是著书者，他们研究学问、撰写文章需要物质的投入，刊印书籍也需要资财的投入，如庄周，他一边写文章，一边做漆园吏，谋生主要靠的是做小吏的收入，他并不依靠贩卖所写的《齐物论》《养生主》等来谋生。应该说，他的情况与孔老先生的相类似。

进一步，谋生与做学问的分离，很自然地意味着，需要别样的谋生手段来支持做学问，孔子的经验是做委吏、乘田、大司寇等，

---

❶ 这里说孔子乘一车两马是“引用”黄汲清的说法，黄在为 Charlotte Furth 写的《丁文江——科学与中国新文化》的中译本序言里，说“孔子出门必一车两马”，还说孔子“鄙视体力劳动”之类的。不知道黄得出“孔子鄙视体力劳动”结论的依据是孔子出门必一车两马，不肯走路，还是其他，令人不得而知。

孔子游历乘车，这是那个时代的一种习俗，因为孔子曾是“大夫”在那个时代里，他这样做是身份使然，正如现今一定级别的官员有相应的座驾一样，总不能因具有座驾的官员出门坐车而被看成鄙视体力劳动吧。

实际上类似于谋求具体的职位（post）来谋生，这些职位也很自然地包含了为政等做官、做吏，庄周的情况与他的情况相类似，因为漆园吏应该与委吏等差不多。除此外，可能就是耕读，或做地主之类的，也就是家里有很多田地房产等之类的，完全可用这些资产来支持做学问；还有就是靠朋友等的救济帮衬，这一类的代表人物，如姜夔、晏几道等，姜夔通过访朋友、与朋友聚会等，获得他们的帮助，晏几道主要获得瓦肆等中的女子的帮助等。

除了这些，实现治学和谋生的分离的，还有一条路径就是经商，其中如顾亭林、袁枚等，他们都是经商的高手，因经商而发财，他们做学问就有了很雄厚的经济基础，所以在学问中能有自己的坚持，不受制于靠贩卖学问来获得谋生的资本。

从孔老先生开始，好多读书人实际上都坚持了“独立之精神，自由之意志”的，但随着时势和环境的变化，在今天，还有多少读书人仍旧坚持着孔子的传统——并不靠贩卖学问来谋生，不能说已经绝迹，但总不会很多吧？这让人不得而知。由此，让有所感慨的人风前悲泪，由此扼腕叹息，甚至生发出慨然涕下的悲吟。

附录　关于对儒家等诸子百家的一点私见

历来，人们总是认为中国文化源远流长，诸子百家因其成型很早，被看成是传统文化的主要源头，如《四库全书》，它是由“经”“史”“子”“集”四部分组成的，其中“子”部就以诸子百家为主要内容。这些已成为基本观点而被大众所广泛接受，但是，在这里想提点新的看法，姑且作为一种商榷，为简便起见，对所提出的观点基本上不作具体论述。

第一个观点，诸子百家应起源于一家，这一家就是自然，或者说是原始的道家，然后由原始的道家分化成其他各家。这样，把先祖们的“近取诸于人”和“远取诸于物”的过程,归结给自然之道——原始的道家，然后，由于研习对象的细化，相关的研习人员所组成的队伍也很自然地进行了分化。因此，原始的道家成为其他各家的母体，诸子百家都是从这一家所分化出来，逐渐地，就有了老庄一路的道家、儒家、阴阳家、农家、名家等。尤其需要特别说明的，老子的道德家也是道家的一个分支，它继承了道家中的探究自然的这一个方向，或者更直白地说是“道法自然”这一个支派。就是后来到了战国时期，道家还在不断分化，如齐国的稷下学宫中的道家与庄子的道家等，稷下学宫的道家也有具体的分支，如邹衍的、驺奭的等，都各有不同的侧重。这些都是可以进行具体考证的。这里只说自己的个人看法，具体论证就忽略了。

第二个观点，诸子百家都是应对世界和人事的，更主要的是应对帝王（诸侯）的，说得更直白一点儿，就是为“老大”出谋划策的（这里的“老大”，包含了各种形态的当权者，上至皇帝诸侯，下至各个自成体系中的统治者），只不过儒家的更全面、更有针对性而已。

为了说明这个论断的前半部分，可举《南华真经》为例，一般说来，《庄子》的内篇被认为是庄周亲自所作的，他的题目为：逍遥游第一、齐物论第二、养生主第三、人间世第四、德充符第五、大宗师第六、应帝王第七。不难看出，从个人的逍遥自在的修持，一步步上升，成为德充符者，进而成为大宗师，达到个人修持的最高境界，从而出山去为帝王服务，它的“出世”的修持，最终为的是最大的“入世”。这很好地反映了庄周的思想，也反映了他学说所倡导的出发点和归结点，是以应帝王为最终目标的。至于有没有达到目标，那是另一件事了。可以再举一个例子，法家中的《韩非子》，它也是应帝王的一本书，教帝王如何统御臣子、百姓，玩弄权术的。

第三个观点，《论语》《老子》等诸子百家的经典，从文字形式上来看，都以对偶为基本前提，这可被看成八股文的形式的重要起源。所以，八股文实际上其源自有，不是凭空而来的，若从音（语言）的角度去分析，应该有另一番景象出现。

第四个观点，《论语》还可作为地域文化交融的资料加以研究，这有助于进一步挖掘文化发展的源流以及理清其发展的脉络。它对大至文化的发展，小至某种文艺理论、文体的变化等都有很好的助益，如以齐、鲁、郑、宋等为主要地域的中原文化与以楚、吴、越等为主要地域的楚文化的交融等研究都有帮助。实际上这是一个相对成熟的观点，这可从《文心雕龙》中看出来，刘勰在总论文学式样时，就有：原道、征圣、宗经、正纬和辨骚、明诗等，他特别把辨骚单独提出来，这至少说明他的观点是，骚并不隶属于中原文化，这从一个角度上说明了楚文化与中原文化的差异性。此外，近来有关楚墓的挖掘中发现，楚文化中的书法也自成一派，被称为楚简，它们同样具有非常高的艺术价值。

第五个观点，近一万三千字的《论语》，以记言为主，这就为了解孔子时代的语言特征提供了上好的素材。正因为记言，所以它的文字堪称是最早的白话之一，论语的语言就有了很多诗的语言的特征，它可作为汉语语法研究的资料。这一点，刘复已经做了尝试。

第六个观点,从《论语》的内容来看,孔子是研读过《诗经》的，但似乎没有涉及《春秋》。因为在论语中，涉及了孔子对诗的评价："诗三百,一言以蔽之，思无邪。"这是孔子通过对诗的研究所得到的概括性的结论。针对《诗经》，他还说："诗，可以兴，可以观，可以群，可以怨。迩之事父，远之事君，多识鸟兽草木之名。"（《论语·阳货第十七》）把《诗》的具体功能也做了高度的概括。所以，孔子是一位眼光非常独到的评论家，他从诗三百里，读出了诗经的思想纯洁无邪，进而把"无邪"作为文学作品思想性评判的一个标准，可谓是抓住了文学批评的核心问题。所以，虽然孔子只是三言两语地提出了文学批评，相比较于《文心雕龙》《诗品》等文艺评论的专著，它显得不够系统，但从批评的要旨和精准来看，孔子作为文艺评论的鼻祖，更是当之无愧的。

此外，从《论语》中可以看出，孔子没有涉及《春秋》，若孔子曾经删编过《春秋》，也就是对《春秋》有过研究，则在论语中应该有所反映，至少有所涉及，哪怕一点点，但整部《论语》中，都没有涉及《春秋》。因此,是否可以论断,孔子的晚年并没有对《春秋》进行深入的研究，所以后人说他删《春秋》，贼子逆臣心里发慌的话，似乎并不足以让人相信。

等等。

二、基于信息处理方法的《论语》研究举偶

论语作为一种语录体，每每就某一个具体的事情发表即兴的看法，具有古代活的语言的特征，可以用 alive 来形容。它除了对所谓的儒家思想的阐述外，更重要的意义在于它是汉语的一种活体标本。在那个时代，孔子作为一位很有学问的教育专家，他的语言反映了那个时代的人们使用文字的最高水平，是那个时代的人们进行话语交流的典范。它就因袭成俗地成为学习语言的一种好素材。

论语的内容相对广泛，它可被看成一个资料库，传统的研究往往进行逐条分析、做注释，甚至翻译等处理。借助信息处理的方法，对这种数据库或资料库可以进行适当的聚类和分类分析，对于聚类（Clustering）来说，它根据资料库中的不同资料的特征，对相同和相似的特性的资料进行归纳，构成具体的类别，这样可对原来的资料库进行梳理；而分类（Classifying）则是在给定具体特征指标要求的前提下，对资料进行归类，通过这样的处理可以获得对《论语》更深刻的理解。这里就《论语》中的相关内容进行基于聚类和分类等方式的信息处理，作为具体的举例，这里先给出具体分类的特征，分别为个人修养、身体力行、教和学、人际交往和家庭生活等几个方面，然后就每一类中所选择的内容进行分析。具体的做法是，先对所选择的内容进行逐条分析，形成最基本的材料，在此基础上，再进行整体的综合评论分析。

在对所选的每条《论语》进行分析的过程中，力求用现代语言很精准地表达原来的意蕴，但《论语》毕竟是上古的语言，每句话都很到位地、精准地表述出来，不是件容易的事，有些阐述虽已经再三推敲，但是否精准到位尚难以确定，但我们总想尽心尽力地做好这件事。此外，在逐条的分析中，尽可能地结合相关的具体语境，把“理”和“事”进行有机结合，对相关的具体内容进行比较分析，并加以阐述，以便形成一家之言。除了这些，有关“句读”问题也做了一些具体的探讨，也就是对有的句子做了新的句读，并给出了相应的理由。

1.《论语》中关于个人修养的分析

关于个人修养的部分在整个《论语》中占的比重较大，它相当于“修身、齐家、平天下”中的修身，是基础。这里选择《论语》中一些具体的论述加以分析。

（1）人不知而不愠，不亦君子乎，不患人之不己知，患不知人也。

愠，愤怒的意思，不已知，为宾语前置，应为：不知己。患，忧愁，忧虑，担心。

它可理解为：别人不了解（我），我不愠怒，这不是君子（的行为）吗；不担心别人不了解我，而担心（我自己）不了解别人。

孔子从人际关系上来分析个体的修养，在“人”与“我”之间的互相了解程度上，用情感的“愠”和“患”来反映，强调要做到不愠的同时，而应为自己不了解别人而担忧。它强调了“我”的主体性，这句话实际上告诉我们，要有知人之明。作为群体的每一员，若都能达到“知人——了解别人”，那么自然也就不会产生“人不知”的情况了。孔子比较了“不被人了解”和“不了解人”这两种情况，他认为“不了解人”这种情况更值得担忧，但实际上，只要都能做到“了解人”，自然也就能达到“都被人了解”。从这种意义上讲，“人不知”和“不知人”是一件事情的两个不同侧面而已，应该从了解别人的过程中，自己也被别人所了解，这样才对。

（2）吾日三省吾身：为人谋而不忠乎，与朋友交而不信乎，传不习乎。

这是一般书籍上的句读，在关乎个人修养的论述上，它应该做如下的句读更合理些：吾日三省吾身：为人，谋而不忠乎？与朋友，交而不信乎？传，不习乎？

每天多次自省的内容是，做人，与朋友交往，以及学习经典，其中做人要“谋而忠心”，所谓忠，其本意是公正不偏颇、不偏执。“谋”的含义是思谋、考虑。与朋友的交往应该是有信义，即有诚信，不可刁钻无赖，出尔反尔。“传”是名词，就是经传、经典，可泛化为传统，习是动词，为学习、温习等。

因此这话大致可解释为：我每天都多次省察自己：做人，有没有做到积极思谋而心地纯真不偏？与朋友，有没有做到诚信守约？经典，有没有做到时常学习？

今天，我们要对照一下，是否做到经常省察自己，尤其在做人方面，与人交往方面以及关于经典的学习等方面，是否已经做到了孔子所要求的。这一点是很重要的，且深具现实意义。

这里需要对朋友做出进一步的解释，朋友并不是同义重叠，而是有所区别的：朋，指为同门，如向同一个师傅学习的师兄弟之类的；友，指一般的友人，相当于现在所说的朋友。这可概括为：同门为“朋”，同志为“友”。

此外，刘复在《中国文法通论》中，把这句话做了如下的句读：吾日三省吾身：为人谋，而不忠乎？与朋友交，而不信乎？传，不习乎？

似乎也很有道理，但把反省的具体内容变成了“为人谋，与朋友交和学习经典”。为人谋，就是替别人谋划和打点具体事情，与朋友交，就是与朋友交往，朋友应该包括在他人的范围之内，这样，这前两句话所指的内容就有重复；此外，照刘复的句读，曾子的这句话好像道出了儒家的本质：就是学好经典，做职业经纪人——为人谋和与朋友交，独独没有对自身内在的修持的要求，对儒家来说，没有这一点是无论如何说不过去的。基于以上原因，三者比较，结论已经很明显：我们的句读应该更合理一点。

（3）德不孤，必有邻。

孤，孤单，孤独，单一；邻，邻近，差不多。这句话的大致意思为：有品德的人不会孤单，一定有与之相近的人（与他相处）。

这句话的意思，就是世上必有很多有品德的人存在，他们都能彼此鼓励，声气相应，所以，作为追求品德进步的君子，不要觉得自己曲高和寡，实际上，在德业进益中，一定有相近的朋友与他一同进步的。

（4）巧言令色，鲜矣仁。过，则勿惮改。

巧，讨巧；令，光鲜，美丽，华丽；鲜，少：过，过错；惮，害怕。这句子的大致意思是：讨巧投其所好的言辞，光鲜美丽的服色，是缺少仁义的。若有过错，则不要怕把错误改正过来。

要善于和勇于改过自新。孔子这句话的要点就是告诫人们，对于过错，就要勇于改正。不要对改正错误存在害怕心理。

此外，这句话的前半句还可以这样来句读：巧言、令色，鲜矣仁！其中“鲜矣仁”可解释为：“太缺少了，仁义啊！”它把用来形容“仁”的程度的词先表达出来，这些在口语的语境中是经常出现的，以表达说话者强烈的感情状态。

这里，个人修养从“言—言辞”和“色—服色”的角度来加以分析，认为追求讨巧的言辞、光鲜的服色等的行为，与追求以“仁”为目的的个人修养，是不相宜的。

（5）巧言乱德。小不忍，则乱大谋。

巧，乖巧，讨巧；德，品德，德业；谋，规划，思谋。这一句大致可理解为：乖巧的言语能败坏一个人的品德，在小的方面不能忍受，那么在大的方面的谋划就会被搞乱。

这是一种忍耐功夫，很多时候，由于条件还没有具备，只好先委曲求全，忍耐一番，“忍”是什么，是心上有一把锋利的刀，功夫不好，刀要掉下来的话，就很可能是致命的。所以，忍耐功夫是成就大事的重要条件。孟子也说：故天降大任于斯人也，必先苦其心志，劳其筋骨，饿其体肤，空乏其身，行拂乱其所为，然后增其不能。孟子所举的这些都是忍耐的功夫。唯有如此，则才能成就事功。

小不忍，则乱其大谋，作为一种韬略，它具有鲜明的辩证法的思想，当还处于不利的地位的时候，就要有忍耐，并积极积蓄力量，然后才能够慢慢壮大自己，最终达到成就宏大目标的事功。忍耐，需要功夫，有时忍一忍就过去了，有时需要忍耐很长时间，需要学会等待。举个例子，当晋国的公子重耳，带着他的舅舅等一帮人流亡的时候，他不知道，逃出了虎穴，并不是就能平安无事了，他在列国中流亡，流离颠沛地度过了艰难的十九年才回到晋国，然后登基成为晋文公，这十九年的忍耐，不是一般人能够坚持得住的。又如司马迁，他受了汉武帝的责罚后，为了证明自己，也是历尽千辛万苦，写就《史记》的，在《报任安书》中把这些非常沉痛的事情记叙了下来。《史记》的撰写过程也是相当艰难的，没有忍耐，那是根本做不到的。

（6）成事不说，遂事不谏，既往不咎。

成，完成；说，通假于“悦”，高兴，喜欢；遂，将完成，成功；谏，劝谏；既，已经，咎，指责，罚责。翻译成现在的话，大致意思是：对已做成功的事情，就不再老是沉浸在自我满意、沾沾自喜的状态之中；对就要完成的事情，就不再劝谏；对早已过去了的事，就不再归咎指责。

它反映了一种对待事情的态度，不是着眼于过去，而是放眼于将来，过去的东西要放得下，把“不说”“不谏”和“不咎”作为放得下的具体内容和指标，这比笼统地说要放得下事情，来得更加具体，更具有可操作性。因此，它具有方法论上的指导意义。

通过对“成事”“遂事”和“既往”的处理上，来反映个人的修养。

（7）君子周而不比，小人比而不周。君子和而不同，小人同而不和。君子泰而不骄，小人骄而不泰。

周，周全，周密，全面；比，相互依附和勾结；和，和谐；同，类同；泰，泰然安怡，骄，骄恣，骄奢淫逸。

这些话大致意思为，君子彼此周全而不相互勾结，小人互相勾结而不互相周全。君子之间谐和协调而不类同，小人彼此类同而不互相协调和谐。君子泰然安怡而不骄狂放纵，小人骄狂放纵但不安泰怡然。

自古把人分成两类，一是君子，一是小人，但实际上也有既是君子又是小人的，孔子把君子与小人的分类进行细化，具体把具有彼此周全、互相谐和，独自泰然的特性当作了君子应该具有的品质，而小人的品质是互相勾结、互相类同及个性骄狂等。我们要有修持，做一个君子，就要根据孔子所提出的具体要求，努力修持，每时每刻管好自己的身心，纯化自己的心灵，使自己成为一个高尚的人。

还需指出，这里预设了个前提假设，那就是君子与君子相交，小人与小人相交，所以“周而不比”“和而不同”成了君子之间的交往准则，而“比而不周”“同而不和”是小人之间的交往常理。至于君子还是小人的个人修持，孔子把“泰而不骄”给了君子，“骄而不泰”给了小人。

（8）有君子之道四焉：其行己也恭，其事上也敬，其养民也惠，其使民也义。

道，方法和途径；恭，谦恭，谦卑而严肃；敬，尊敬；惠，好处，恩惠；义，义理，道义，仁义。

这句话大致意思为，能成为君子的方法和途径有以下四条：他自己的行事为人做到谦恭而严肃，他对待上级和侍奉长辈做到尊敬有加，他能改善民生使老百姓得到实惠，他教育百姓使他们的行为合乎义理而讲道义。

孔子把君子要做的，分了四个具体的方面加以阐述，总结这四个方面，实际上就是“行己”和“行他”，也就是对自己的行事为人和修为，以及对待他人的处理事情，而对待他人，则又细分为两类，一类是对待上司和长者，另一类则是如何对待百姓，对待百姓，不仅需要使他们物质上得到实惠，而在道义和修养上得到长进。因为对一个君子来说，哪怕没有官位，但教化百姓也是他所处阶层所应该担当的一种责任和义务。孔子罗列具体的君子之道时，很自然地提到了“其养民也惠,其使民也义”的具体要求。所以,这里的“君子”，实际上可以被看成是一个士林阶层中的个体，他负有为政（为国君出力）和养民（教化百姓）的责任。

（9）君子博学于文，约之以礼，亦可以非畔矣。

约，约束；畔，通叛，背离。这句话的意思大致为：君子在文化上博采众长，用仪礼约束自己的言语和行为，这样可以不背离伦常和规矩。

这里需要对“文”和“礼”做进一步的理解：文，不光专指具有文字形式的书籍，而是各种不同形式的总和。礼，也应指礼数和行为规范的总和。孔子认为，要成为君子，在文化上要博采众长，也就是吸收众多文化之精华，而在行为上，受规范的约束，这样就可以做到不出格、不忤逆。

这里，强调君子在具体的成长过程中，要有“文”与“礼”相伴随，也就是“文”的熏陶和“礼”的约束。

（10）君子坦荡荡，小人长戚戚。

坦荡荡，坦然而光明磊落；戚戚，戚戚然，悲伤，愁苦挂虑。这句话大致理解为：君子坦然而光明磊落，小人时常戚戚然愁苦挂虑。

这里以一种情感状态的不同，来区分君子与小人，君子光明磊落，有浩然气；小人则忧郁戚戚然，一副悲悲戚戚的样子，所以难以有浩然之气。它反映了君子与小人不同的气质和神态。

(11) 君子矜而不争，群而不党。

矜，矜持；争，纷争；群，群体；党，勾结，勾结成小团体。这句话是：君子矜持而不纷争，能合群而不钩心斗角地勾结。

这句话从“气质”“行为”的角度来分析君子的特质，气质上体现在“矜”和“群”，也就是自信明达，和顺调和；在行为上强调“不争”“不党”。所谓“不争”，就是不起纷争；“不党”就是不拉帮结派，不搞小团体。

宋朝的欧阳修，根据这八个字，写了一篇著名的《朋党论》，也是强调君子光明磊落，以道义为自己的行为准绳，而小人则是狼狈为奸，勾结一起，以私利作为营生的目的。虽然他有所指向那时代的新旧党争，但基本含义还是没有超越这里的论述。

（12）君子有三戒，少之时，血气未定，戒之在色；及其壮也，血气方刚，戒之在斗；及其老也，血气既衰，戒之在得。

戒，戒勉，戒备；色，各种色相的总称（可称为各种迷乱心智的现象的总和，借用佛教方面的话说，色，指大千世界的各种状态）；斗，争斗；得，拥有。

大致意思可理解为：君子一生的三个不同阶段中，都要时时戒勉自己：在年少的时候，因血气（性情等）尚未稳定，面对各种外部的色相要有所戒备；到了中壮年，那时精力充沛，血气旺盛，要警惕自己不可争强好斗；到了老年，告诫自己在拥有上要有节制，不可贪得无厌。

孔子把人生分成了少年、中年和老年三个阶段，并把每一阶段所要戒勉的内容指了出来，要求通过个人的修持来解决这些问题。这就是先天的不足，用后天的修养来补充。

还需指出，这里的“色”与佛教中的“色”虽有相近之处，但并不完全相同，因为在《论语》形成的阶段，还没有所谓的“色即是空”之类的词语出现，把“色”理解为“外部的世界”，它实际上主要指外界光怪陆离的现象和邪恶的事情（Iniquitous Things），所以君子要有所警戒，保持警惕，不被这些所蒙蔽和引诱。

（13）志于道，居于德，依于仁，游于艺。

志，志向；道，根本的世界观和人生观等；德，品德和德行；仁，仁义，仁爱，孔子说，“仁者，爱人”；艺，技术（这里可理解为射、御等的总称）。这句话的大致意思为:在修道方面有志向，在德业中有具体的操守和表现，在仁爱方面有依归和榜样，在技术方面很熟练（稔熟）。

当然，还可以这样来说，君子需要在“道”“德”“仁”和“艺”方面都有进步，在“道”方面，要有志；在“德”方面，要有很好的德的操守；在“仁”方面，有以仁义为依归；这里的“艺”，可理解为技术和本领的总称，所以要熟练掌握技术和本领。这样，全方面地发展、综合地提升自己，才可成为正真的君子。

（14）不义而富且贵，于我如浮云。

这句话的大致意思为：因不义达到既富又贵的状态，对我来说如同浮云一般。浮云（floating cloud）这里的意思就是“我”不稀罕不义得来的财富和高贵的地位，所以，孔子很有骨气。孟子对此也有相近的话：威武不能屈、贫贱不能移，富贵不能淫。所谓的富贵不能淫，就可用孔子的这句话加以互相印证。

今天的人，能否在富且贵面前守住“义”呢，至少有很多人是做不到的，当他们面对富和贵时，哪里还考虑什么道义不道义，这种情况就是“人心不古”。从孔子的这句话中，似乎也看到了君子的安贫乐道，君子的守义固穷。所以，有一个成语叫作“孔颜之乐”，它的意思大致也是强调安贫乐道的。

还需指出，倘若是在符合“义”的条件下，能获得富与贵，对他来说并不是浮云了。实际上，孔子还表达了“追求正当的富与贵，并没有什么不妥”的思想。可谓是为后世的“儒加商”提供了最原始的理论依据。

（15）见善如不及，见不善如探汤。

善，好，善良；探，碰到，接触；汤，热水，沸水。这句的大致意思为：见到善良的就想到自己的不足（自己达不到这样的良善的程度），见到不好的，自己如同接触到沸水那样，自动止步，也就是自觉地不去做这些不好的事。

这里，孔子以君子慎言慎行的态度来对待善的和不善的，并努力完善自己，实际上给出了具体可操作的方式，相信通过这样的具体操作和实践，则君子一定在修为和德业上有很多的进步。

（16）见贤思齐焉，见不贤而内自省也。

省，反省，省察；贤，贤能。大致意思为：看到贤能的就想着自己向他看齐，也能成为贤能；见到不贤能的就由此而省察自己，如何在自己身上得以改进。

这也是一种具体的如何提高自己的方式，可操作性很强，具有方法论上的意义。它是成语“见贤思齐”的出处。显然，这是向榜样学习的意思，但孔子还表达了另一层意思，那就是逆向求索，当看到“不贤”时，不是因为别人不贤而自己沾沾自喜，而是哀矜毋喜，把不贤看成反面教材，以“不贤”作为参照对比的对象，从中吸取教训，获得自己的进步，让自己成为贤达之人。

它与“见善如不及，见不善如探汤”有类似性，但所指不尽相同，“善”可以被看成主要指物和事，而“贤”主要指是人。那么这两句连起来，对好人好事，就要积极去学、去做，而对坏事坏人，则要主动避开并反向探究教训，引以为戒。

（17）德之不修，学之不讲，闻义不能徙，不善不能改，是吾忧也。

修，修炼，修持，进修；讲，宣讲；徙，变化，移动。这句的大致意思可理解为：德业上没有具体由修持而进步，学问没有研究和宣讲，听到仁义的不能由此使自己变得更有仁义，自己的不好没有得到改正，这些都是我所担忧的。

孔子列举了“德”“学”“义”和“善”四个方面作为提升自己的重要指标，而这些方面是否进步成为自己乐和忧的前提条件，经常从这四方面来省察自己，这很有现实意义。

（18）居处恭，执事敬，与人忠。

居处，日常所处状态，日常起居；执事，做事情；与人，与人交往。

这话的大致意思为：日常起居谦卑而严肃，做事情认真敬业，与人交往忠诚有信义。

这里，孔子把日常生活状态中所应得到的具体要求罗列了出来。居家生活，外出工作，与人交往，这三者大致能概括一般人的生活状态，孔子用“恭”“敬”和“忠”这三种态度，与它们一一对应起来，强调君子应秉承的基本态度，也可看成君子应该守住的底线或切实的修为，成为提升自己道德和品质的重要（甚至是不二）门径。

（19）智者不惑，仁者无忧，勇者不惧。智者乐水，仁者乐山。智者动，仁者静。智者乐，仁者寿。

智，智慧的，聪明的；惑，迷惑，疑惑；忧，忧愁，忧虑；惧，惧怕；乐，喜欢；动，活泼；静，宁静；寿，长命，活得长久。这句话的大致意思为：智慧者不被疑惑；仁义的人没有忧愁；勇敢的人不惧怕。智慧的人喜欢水，仁爱的人喜欢山；智慧的人活泼好动，仁义的人宁静；智慧的人开心快乐，仁爱的人长寿。

这里，孔子提出了智者、仁者和勇者，这些还是面对君子这个阶层来说的，所以，智者就是智慧的君子，仁者就是仁慈的君子，勇者就是勇敢的君子。前面三个短句，是孔子对智者、仁者和勇者的具体定义，实际上它们可以互相印证。既然是智者，当然是不被迷惑，被迷惑者，当然不能算作是有智慧的君子；仁慈的君子、仁宅宽厚的君子，当然不会有挂虑和愁闷之事；勇敢的君子，自然是不胆怯的，反之，唯有不胆怯，才可以称得上具有勇敢的特性。对这三者具体界定后，孔子给出了他们的不同特性，一是“乐山”和“乐水”；二是“动”和“静”；三是“乐”和“寿”。这里的“山”不是专指具体有形的山，而是山一样的岿然不动和挺拔自立等的精神；“水”也不是指具体的江河湖泊水系，而是如同水一样的灵巧活泼的精神，因为水是灵动的，是充满动感的。所以用水的品性来形容智者，把抽象的智者概念用具象的水的灵动等来具体比拟，有智者乐水和智者动的说法。同样地，岿然不动的山，安静地矗立在那里，让人感受他的雄伟和壮观（产生高山仰止的感觉），是那样的安静肃穆，这真如具有宽厚仁宅品德的君子，他的仁义的品性如同高山矗立那样鲜明，孔子忍不住作出了“仁者乐山”“仁者静”的论断。进一步，孔子认为，智慧的君子，他的生活中充满快乐，而仁慈的君子，他必定可以享受高寿，这些也可算作他们各自的特性的延伸。

（20）恭、宽、信、敏、惠。恭则不侮，宽则得众，信则人任焉，敏则有功，惠则足以使人。

恭，恭谨严肃；宽，宽恕；信，信实诚意；敏，敏捷；惠，恩惠好处；侮，侮辱；使人，使用别人。这话的大致意思为：恭谨严肃、宽恕、信实、敏捷、恩惠，恭谨严肃，则不被侮辱，平和宽恕，则能得到众人的支持；诚实守信，则能被人任用，敏捷，则做事能更得以成功；施行恩惠，则可以使用他人。

这里对君子也给出了具体的要求，分别从恭敬、宽恕、信义、灵敏和恩惠等角度来要求君子，基本上可囊括君子生活中的方方面面了。

（21）非礼勿视，非礼勿听，非礼勿言，非礼勿动。

礼，礼仪，常理；这句话的大致意思是：不合乎礼仪的不看，不合乎礼仪的不听，不合乎礼仪的不说，不合乎礼仪的不做（不行动）。

换言之，就是对视、听、说和做，各个方面都要合乎礼仪。礼，不仅指社会道德的规范，还指各样的法规。今天看来，“礼”大致可被看成社会公德、规章制度和法规法令法律的总和。

这里还需指出，君子从小要学习“礼”（rite），因为“礼”构成了生活的方方面面，包含了所看、所听、所言和所做，君子要做到孔子所说的，就需要事先对“礼”非常熟悉，然后才能把“礼”作为行为规范，自觉地遵守。

（22）三军可夺帅也，匹夫不可夺志也。

夺，抢夺，抢；帅，统帅；匹夫，普通人；志，志向。这句话的大致意思是指，三军的统帅都可被夺去，但普通人的志向不能被改变。所以要弘毅，要有坚强的心志。

这句话被人们经常引用，他反映了一个人的志向的不可动摇，据说有很多坚定意志的人，当他们被要求改变信仰和心志时，常用这句话来回应。据说一九三二年，陈独秀被抓，关进了南京的第一监狱，此时，他的朋友、学生等充当说客，希望他投向政府当局，陈独秀就用书写这句话的方式来回绝那些说客，可见他的心志是非常坚定的。

在《论语》中把关于个人修养的内容进行了选择，并以 22 条的方式进行罗列，通过对这些材料的分析，可以获得与个人修养有关的一些词，分别为：君子，道、德、仁、义、志、礼、恭、宽、信、敏、惠、智、勇、敬、忠、善、贤、周、泰、和、文、学、忍和自省等，这些词从不同的侧面来强调具体的修身，它们大致可分为以下的几类，一是关于修身的要求和标准的，具体可用道、德、仁、义、礼、志、善、贤、文、信、智和勇等来概括。第二类是关于修养过程中针对具体行为的，它可用敏、敬、学、忠、忍和自省等来概括。第三类关于具体的态度的，可用恭、宽、周、泰、和等词加以概括，而这三者的综合，构成完整的修养，它们统一于君子这一个层面。

在个人修养中，具体的要求和标准确立的同时，还需要把它们细化到具体的行为和态度上，在修养的过程中，需要不断地学习和实践，所以“学”这个字同样非常重要。在这里，“志于道，居于德，依于仁，游于艺，非畔于礼”是总纲，它给出了个人修养所应遵循的基本规则，然后是具体做事，可用“有君子之道四焉：其行己也恭，其事上也敬，其养民也惠，其使民也义。”来概括，它涉及两个方面，一是针对自己的，则是“日三省吾身”，以及“德之不修，学之不讲，闻义不能徙，不善不能改，是吾忧也”“见善如不及，见不善如探汤”“见贤思齐焉，见不贤而内自省也”和“过，不惮改”等，另一个则是针对他人的，则是“其事上也敬，其养民也惠，其使民也义”和“恭则不侮，宽则得众，信则人任焉，敏则有功，惠则足以使人”等。而态度则体现在“和而不同,周而不比,泰而不骄”“坦荡荡”“群而不党，矜而不争”等。

根据上面的讨论，大致可勾勒出个人修养的具体体系，这可用图 1–1 表示。

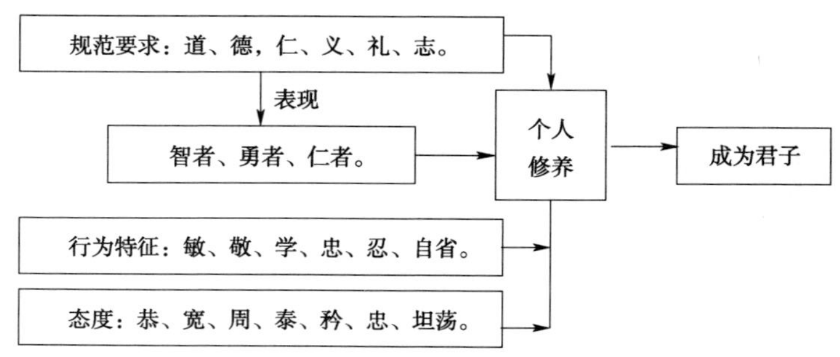

图 1–1 《论语》中关于个人修养的体系结构

2.《论语》中的有关身体力行

在《论语》中，也有很多的篇幅涉及具体的实践，这里辑录其中的一部分进行分析，在逐句分析的基础上，再进行综合性的论述。

（1）吾十有五而志于学，三十而立，四十不惑，五十而知天命，六十而耳顺，七十而从心所欲，不逾矩。

学，学习；立，独立，自立；惑，迷惑；天命，本来的意思是上天的命令，天意，这里可用基本的道理来解释；逾，逾越；矩，规矩，规则。这句话很有名，大致意思是，我十五岁时专心致志地学习；三十岁时就已自立；四十岁时已不再迷惑；五十岁时，能知道基本的道理；六十岁时，已经能接受各样的言语刺激；七十岁时，则已是心灵进入自由的空间，达到完全以自己的意思做事而不逾越各样的规则要求。

孔子的言语，概括了他一生的行为。总的说来，年少的时候，学习成为他的主业，通过学习知识和其他各样的技术本领，才能在年轻（三十岁）时，自己鼎立门户，开创事业，到了后来，对世界和人生有了更多的认识，达到不被迷惑的程度，这已经是一个很高的境界了。随着阅历的进一步加深，他的境界似乎达到了天人合一的程度，了解了自己安身立命的境况和自己的使命，知道对自己来说，哪些是必须做的（是上天给的带有命定式的），哪些是自己不切实际的梦想等。到了六十岁，随着阅历的进一步丰富，他的境界就更高了，他用“耳顺”来形容，耳顺，就是已经没有听不进去的话了，借用范仲淹的话说，已经到了“不以物喜，不以己悲”的境界。又随着年岁的增加，他到了七十岁的时候，他的修为几近炉火纯青式的化境，从心所欲，而并不逾越成为君子的框架底线。

从这些话中，不难发现，这是孔子一生的总结，是高度概括的，同时这些话都是以他一生的经验为依据的，他要把儒家的那一套推行出去，不仅开办了孔记的政治文化大学，着手培养人才，同时还带着学生去贩卖他的学说，但一圈跑下来（以中原黄河流域为主，如今天的山东、河南等地为主），结果都是碰壁的，他就发出大道不行的感慨。所以，他的五十知天命，就是他周游列国回到鲁国后的真实的心情写照，他放弃了自己在政治上的抱负，他知道自己该做的事情就是教书育人和修订书籍（儒家经典等）。所以，从此后，他虽还梦见周公，但生活和事业的重心就转移到“韦编三绝”和带学生上了。

（2）先行、其言，而后从之。

这句话应该这样句读:先行其言,而后从之。行,行动,行为;其,（他）自己；言，所说的；从，跟从，顺从。这句话的大致意思为：先看他是否根据自己所说的行动,（若是可行的），然后跟从、顺从他。但往往在“而后从之”的过程中,发现其言与其行并不相对应,这只能算作被欺骗了。

这句话非常重要，它强调不要被那些巧言令色所迷惑，不光要听是怎样说的,还要看是怎样做的,然后再决定是否跟从和采纳,尤其在民主选举的社会中,根据“先行其言”,然后决定选票投给谁。

把“先行其言，而后从之”用在外交上，那句是：我们不仅要听其言，还要观其行。

（3）君子欲讷于言而敏于行。

讷，木讷，呆呆地说不出；行，行动，行为。这句话的大致意思为:君子在言语上要木讷些，尽量做到慢说、少说，但在行为上，要行动敏捷，不可拖拖沓沓。

在言辞上的木讷，实际上是很智慧的一件事，很多时候，祸害从口出，少说话就可以避免不必要的祸害，有一句话，沉默是金，也应该指少说话比较好；而在行动上要敏捷，最主要的是体现在效率高。很多时候，因为没有效率，时间点到了，但事情还未做好，考试如此，做其他事情也如此。所以，按期完成任务是敏于行的重要体现。

（4）君子耻其言而过其行。

耻，耻于，以 …… 为耻辱；过，以为过失；言，（这里）大话，夸夸其谈；行，做错事。这句话的意思为：君子以自己的夸夸其谈为耻辱，以自己做错事而心中难过。

这是君子的一种内省行为，对夸夸其谈、空谈的行径要有所节制，应以此为戒；对于做错的事，也应有悔过之意。这样，君子既能管住自己的口，也能管住自己的行为，并能提升自己。

（5）多闻阙疑，慎言其余，则寡尤；多见阙殆，慎行其余，则寡悔。

闻，听；阙，一般通假于“缺”，缺少；疑，疑义；慎，谨慎；寡，少；尤，通假于“忧”，忧愁；殆，危险；悔，悔恨。

这句话的大致意思为：多听就可减少疑义，在其他方面也谨小慎微，那么就可做到减少忧愁；多看就可减少危险，在其他方面谨小慎微，就可做到减少悔恨。

“尤”的另一种解释为，过失，过错。那样的话，第一句话的意思为：多听就可减少疑义，在其他方面也谨小慎微，那么就可减少过失和过错。也说得通。

在这里，孔子要求君子多听、多看，同时要尽可能地谨慎。这样就可以避免犯错、心生忧愁和懊悔的情绪。

（6）过则勿惮改。过而不改，是谓过也。

过，过错，过失；惮，害怕；改，改正。这句话的大致意思为：有过失，就不怕改。有了过失而不改，那才是正真的过错了。

很多时候，因人非圣贤，孰能无过，有时在无意之中，或在不得已的情形下，犯了错，也是没有办法的，只要改了，也就好了。怕则怕明明错了，就是不能改过自新，那所犯的错就坐实了，才是正真的错了。

所以，孔子的这句话是有积极意义的，有一句古话，叫作浪子回头金不换，也就是说，犯错的人，认识到了错误，回头悔改了，这是非常宝贵的。

在《世说新语》中讲到一个故事，年轻时的周处，是一个恶少，为非作歹，犯了很多的错，乡邻把他和南山之虎，以及江中的蛟合称为乡间三害，而周处更是三害之首。后来，周处认识到自己所犯的错误，就立志悔改，他从一个危害乡邻的人，转变成为为乡邻做好事的年轻人，并开始学习文化，后来不光为乡邻做好事，更成为国家的栋梁之材。所以知错就改，是多么重要啊！

（7）岁寒，然后知松柏之后凋也。

岁，年岁，时光；寒，寒冷；凋，凋零。这句话的大致意思为：在严寒的时候，才能知道松柏树是后凋零的。这句话说明只有到了关键时刻，才能知道品行如何。所谓“时穷节乃现”。

（8）言必信，行必果。

言，言语；信，信实；行，行动；果，结果。这句话的大致意思为：言语一定信实，行动一定有结果。

（9）君子求诸己，小人求诸人。

诸，之于。这句话的大致意思为：君子向自己求助，小人向他人求助。

这句话，给出了君子与小人之间的分野，强调从自身出发，分析自身的原因，获得自强的，这是君子的行径，因为唯有自己强大，才是真正的强大；而一味从其他地方找原因，希望借助外力的，这是小人的行径。在西方有这样一句谚语：“靠别人的力量飞上天的，得到的不是自己的天空”，它也强调求诸于己。

（10）其身正，不令而行；其身不正，虽令不从。

正，正直；令，命令，要求。这句话的大致意思为：他自己身正，不发号施令别人也照样做，他自己为人不身正，就是发号施令要求别人做，别人也不服从。

这句话就可以用“身教胜于言教”来概括。孔子说这句话的时候，是有特定对象的，那就是对那些为政的人来讲的，也就是做各级长官的人，要他治下的人们遵行他的法令，前提是他自己是模范地遵循法令的人，若自己做不到，贪赃枉法，胡作非为，公然不遵守法令，那么怎么能让他治下的百姓来遵守相关法令呢？孔子对此的认识是非常深刻的，所以能说出如此有深意的话来。

（11）士不可以不弘毅，任重而道远。

这句话非常重要，也非常有见地。士，高尚的人，也可以理解具有特殊使命的人；弘，发扬光大；毅，坚毅和刚毅；任，任务；道，道路。这句话的大致意思为：高尚的人不能不发扬自己的坚毅和刚强的精神，（因为）他的任务重，他所要走的道路远（引申为“坚持的时间长”）。

这句话是曾子说的，它后面还有两句做解释的话：“仁以为己任，不亦重乎？死而后已，不亦远乎？”也就是背负着“仁”，因此为任务很重，而且要一生一世地背负这“仁”，这就需要长期的坚持，体现在持之以恒。前面很多地方，在论语中，出现得较多的是“君子”，而这里则突出“士”，何谓“士”，潘光旦认为“士”是“以一当十的人”。实际上，这里对士也给出了解释，那就是一生一世坚守“仁”的人，也可理解为肩负重大使命的人。“士”因为任重道远，所以要弘毅，所谓弘毅，就是发扬光大坚毅的精神，以毅力来战胜各样的艰难险阻，因为他（士）任重道远。

（12）不迁怒，不贰过。

迁，转移；怒，发怒，发火；贰，两次；过，过失，错误。这句话的大致意思为：不转移怒火，不两次或多次地重复犯相同的错误。

虽只有六个字，但实际上做起来很难。就是当胸中有怒气时、心情不好的前提下，把怒火发在不相关的人身上，这就是迁怒。不这样做是很难的，能做到不迁怒，相对应的修养功夫要很深。不贰过，也很难，有的时候，错了并不知道，难以一时改过来，就会接二连三地犯错误。

（13）君子有九思：视思明，听思聪，色思温，貌思恭，言思忠，事思敬，疑思问，忿思难，见得思义。

这句话把君子的日常可能的言谈举止、疑难杂事应该如何处置进行了很好的归纳，它是一种非常全面的总结。思，考虑，需要注意关注的；视，看的动作；明，明白；听，听的动作；色，脸色；温，温和，和蔼；貌，相貌；恭，恭谨；言，说话；忠，忠厚，厚道；事，做事情；敬，恭敬；疑，疑难，不明白的；问，询问；忿，不高兴，愤懑；难，难处；见得，被得到的；义，义理，引申为正当性。

这句话的意思为：要成为君子，在九个方面要时刻注意：看，要明白地看；听，要清楚地听；脸色，要温和；相貌，要恭谨；言语，要忠实；做事，要认真端正有敬意；有疑问，要注意询问；有愤懑，要注意有难处；有可以获得的东西，要考虑所得的正当性。

这些，在今天仍然非常重要。

（14）日月逝矣，岁不我与。

这句话非常重要，就是“时不我待”。它的大致意思是：日月如穿梭一般，飞快而过，时光流逝，岁月是不等待我的啊！所以我要努力于当下，珍惜光阴。

古诗说,“少壮不努力,老大徒伤悲”,岳飞在《满江红》中也说:“莫等闲，白了少年头。”孔子更是发出岁不我与的感慨，可见古人对珍惜时间的认识有多深刻啊。

（15）往者不可谏，来者犹可追。

往者，过去了的；来者，将发生的；谏，规劝，劝告；追，努力争取。这句话的大致意思为：已经过去的就不要再劝谏了，将要发生的就努力争取吧。这既是一种态度，也是一种具体的处理事情的方式。

这里的意思，把人生划分了三个阶段，往者、当今、来者。对于身处当今的人来说，面对来者，才有可能起到点儿作用，而往者，已是过眼烟云,已经没有了办法。这里是站在当下的角度,来对“往者”和“来者”发出感慨的，得出了这样的结论。

关于具体的践行，可概括为日常的起居活动，以及所思所虑，它与个人修养之间有内在的联系，可被看成是修养的进一步提高，所以个人力行可看成是已经成为君子的前提下的具体操守。在上述所选的内容中，涉及了“思、言、行、闻、见”以及求助，改过，发怒、反思等具体内容，在此基础上，把“君子”提升到“士”的高度，以“弘毅”来进行概括。这就形成身体力行的一个整体，可用图 1–2 表示。

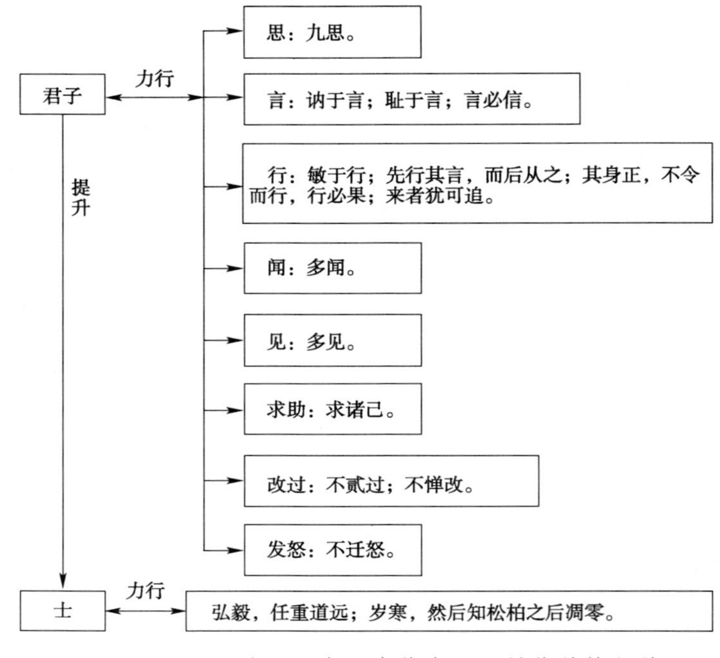

图 1-2 《论语》中“身体力行”具体结构归纳

3．关于教和学的分析

（1）默而识之，学而不厌，诲人不倦。

默，不声张，默然；识，记住；厌，厌倦，厌烦；诲，教导；倦，厌倦，疲倦。

这句话的大致意思为：默默地记住它（知识、学问），坚持学习而不厌烦，教导人要不知疲倦。

子曰，就是孔子所说的白话，这几句可以理解为：默默地认知了解它，不厌地学，不倦地诲人。孔子说这句话，是针对教者（教师）

来说的，孔子强调教师需要学习，学了以后才来不知疲倦地教学生，唯有自己的饱学，才能成为不厌其烦地教学的好老师。这应该具有很深的教化作用，直到现在，还有积极的意义。

（2）性相近也，习相远也。

性，性情；习，习惯。这句话的大致意思是，人们的性情都彼此相接近，但习惯相差很远（导致人彼此差异很大），所以习惯非常重要。好习惯尤其重要。

所以，虽同样是人，因为习惯不同，最终导致人的各方面的差异巨大，习惯是可以改变一个人的生活态度、人生轨迹，终极成就的，我们要努力养成好的习惯，使之成为促进个人发展的有力保障。

（3）有教无类。

教，教学，教导；类，类别，分别。这句话的大致意思为，受教导者没有类别的差异，即人人都可受教育，孔子的伟大在这里可见一斑。现在的法律规定，人人享受教育的权利，这就是有教无类。

孔子在这么早的时候，就提出了有教无类，是深具卓著的，他把人类的等级、环境和各样别的阻碍统统打掉，只要生而为人，就有接受教育的能力和权利，就应该接受教育，也一定会通过所受到的教育而成为君子。另一个层面，作为教育者，当面对各类的人员时，具有有教无类的思想，促使他拥有教育的普惠性。孔子就是一个伟大的典范，他的学生中有赶马车的，有家境贫穷的，有做官为政的，如他最喜欢的学生颜回住在陋巷中，过着“一箪食、一瓢饮”的清苦生活等。这些学生来历不同、环境不同、天分不同……他都接收他们为自己的学生，带着他们去留学，这一副师生其乐融融的和美图卷，着实温馨，引起了历代师生的敬仰。孔子真不愧为“万世师表”。

（4）爱之，能勿劳乎？忠焉，能勿诲乎。

这句话的大致意思为：爱他，难道不要让他劳动吗？忠心于他，难道不教导他吗？这是典型的上古的语句，胡适先生对该句式有专门的说明，“爱”是动词，且及物，所以要加宾语，就是 V+Object，所以用指定代词“之”。“忠”，为形容词，所以不能跟代词做宾语，要用“焉”这样的疑问虚词。这里做这样的说明。

今天，做父母的、做教师的，是很有必要读一读这句话，“爱之，能勿劳乎？忠焉，能勿诲乎。”

（5）不愤不启，不悱不发。

愤，郁闷；启，引导；悱，欲说但说不出的状态；发，启发。这句话是讲学生在学习时到了苦思冥想而郁闷难过的时候，老师才引导；学生快要学到真知，到口边但还说不出来时，才给以启发和引导，让学生深刻体味做学问的艰辛和得来的不易。这句话可以这样说：（学生）不愤、不悱，则（老师）不启、不发。

孔子不仅是一位教育理论家，更是一位具有丰富经验的一线教师，他这里提出了如何展开具体教学的方法，通过有效的启发引导，能达到最佳的教学效果。到现在还有积极的意义。

（6）学而时习之，不亦说乎？

而，这里是递进的意思的虚词；说，通假于“悦”，愉悦。这句话的大致意思为：好好学习又时常温习学问，不是很愉悦吗？

这是针对学生来说的，学习，实际上是一个过程，无论自学、还是老师的教学，这个过程一过，接下来的学习就是温习或复习了。孔老师要求学生学了以后，还要经常温习、复习，这样达到理解掌握的程度，不至于过快地忘记，而且可以达到愉悦的真切体验。

（7）温故而知新。

温，温习；故，旧的，引申为已学过的；知，认知，了解；新，新颖的，引申为新知。这句话大致意思为：温习已经学过的旧知，认知新知。

这里，孔子也是针对学生说的，要求学生既要复习，又要学习新知，还有一层深意，那就是，通过不断的温习，对原来的知识有更深入的理解，实际上也是知新的一种。

（8）知之为知之，不知为不知，是知也。

第一个“知”，引申为已经了解的知识；最后一个“知”，通假为“智”，智慧，理智。这句话的大致意思为：知道的就是知道的，不知道就是不知道，这是明智的。

这句话，虽可看为针对学生的，但实际上对一般人也是适合的。这里突出的重点就是对“知”的一种态度，要真实对待它，唯有如此，才能杜绝不懂装懂，杜绝滥竽充数，杜绝一切浮夸，这是有智慧的表现。孔子丰富的教学实践，让他认识到，尊崇知识是何等的重要。

（9）敏而好学，不耻下问。

敏，敏感，敏捷，快捷；耻，以……为耻辱；下，谦卑地。这句话用到了一种以动用法，可以改为：敏而好学，不以下问为耻。大致意思为:快捷而又喜好学习，不以谦卑地问学为耻辱。我个人认为，这是一种较好的、合乎道理的翻译，比其他文献中的翻译要来得好。

这也是针对如何学习的，孔子强调“敏”和“好”，敏就是反应快，就是效率高，通俗点的说法，就是要“高效地学习”。不耻下问，就是要多问，学问者，学和问而已，孔子给出了如何增加学问的方法，这可以说是一条不二法门。更进一步，用了“不耻下问”，更有一种讨论的意思在，他也反对了“一心只读圣贤书，两耳不闻窗外事”。通过问，可以达到交流切磋，达到彼此提升学问的功效。孔子带着学生游历、访学，就是具体实践他的教学指导思想。

（10）知之者不如好之者，好之者不如乐之者。

知，了解；好，喜欢，喜好；乐，以……为乐。这句话的大致意思为：了解它的不如喜好它的，喜好它的不如以它为乐的。读书一样，做任何事情也一样，要好之、乐之，这样才深入。

孔子不愧为伟大的教育家，他实际上已经用到了“兴趣是最好的老师”这个道理。他从具体的教育实践中进行了很好的总结，得出以培养兴趣等方式，使得学生乐于学习。

兴趣往往产生一种自发的动力，它是内在的力量，能激发人持久地学习。这样，学生不以学习为苦，而是以学习为乐了。

（11）发愤忘食，乐以忘忧。

食，这里为动词，饮食，吃饭；以，以至于。这句话的大致意思为：（我）发愤用功，忘记了吃饭；心情开朗快乐，以至于把各种忧愁都忘了。孔子是一个乐观主义者，乐呵呵的，把各种忧愁都忘掉了，这种生活态度值得提倡。它也包含了心理学的相关理论。

这里，孔子描述了像他自己这一类人，专心致志地学习的状态，因为学习，就可忘却吃饭的时间；因为学习，就可忘记各样的忧愁烦闷。

（12）子绝四：毋意，毋必，毋固，毋我。

子，夫子，先生；绝，断然；意，猜测起意；必，绝对必然；固，固执不化；我，以自我为准则。这句话的大致意思为：先生能做到，不臆测、不绝对、不固执、不以自我为准则。

总之，就是做到不极端、不偏执、不顽固。孔子虽举出了四种情况，但它们有些是互相交叉的，比如，无臆和无我，都有主观自我的含义，这里把“毋我”作一种浅显的说法，那就是迁就自我，放低对自己的要求。

（13）吾尝终日不食，终夜不寝，以思，无益，不如学也。

尝，尝试；食，吃喝；寝，睡觉；思，思考，思索；学，学习。这句话的大致意思为：我曾经尝试整日不吃，整夜不睡，用来思考，但没有益处，还不如埋头苦学。

这里，孔子强调了学习的重要性，通过学习，拥有了基本的知识点，才能以此为基础，加以思考，发展新的理论和学说，这就是所谓的先继承、后发展，学习就是一个继承的过程。

（14）饱食终日，无所用心，难矣哉。

这句话的大致意思是：整天吃得饱饱的，但不用心（做事），难（学好）啊！有意思的是，后来明朝末年的顾亭林用这句话来形容北方人，他认为北方人就是饱食终日，无所用心的，这有几分道理。原因是北方苦寒，一年中有好多时间是冰封大地的，那时的人们无法在野外劳作。

用心，就是刻苦用功做事，孔子说“岁月逝矣，时不我与”。唯有常常“用心”，则可日积月累地获得新知，进益事功。

（15）三人行，必有我师焉，择其善者而从之，其不善者而改之。

这句话的大致意思是：三个一起走的人中，必定有我可以向他问学的人，选择他好的方面，就跟从着向他学习；他的不好的方面，我就引以为戒，努力避免这些不好的在自己身上发生。这是一种积极的学习方法，好的，我们学它，不好的，从其他人身上发现，引以为戒，不在自己身上发生，也等同于在自己身上改正了错误。

这种积极的态度，是很值得提倡的。善于学习，是一个人超越别人的法宝，善于学习，也是一个民族或国家获得强盛的法宝。据说，有一个民族，它的人民就善于学习，一到晚上，家家户户的家人，不管老人、壮年人、还是小孩，都围着矮桌子阅读、学习，这种爱学习的风气蔚为壮观。

（16）学而不思则罔，思而不学则殆。

罔，蒙骗；殆，危险。这句话的大致意思为：学习但不思考就会受蒙骗，思考但不学习就会很危险。

所以要好学好思，这里的思是指思辨、辨析，属于明辨事理。

孔子的这句话，是针对学生说的，他强调学和思的重要性，也强调学习和思考的互相作用，思和学要相辅相成，不可偏颇。据说南北朝时梁朝的一位太子，他整天读书，勤于学习，但不怎么思考，是一种死读书的类型，结果不能做到学以致用，在他手上只好白白葬送了大好江山。

（17）好仁不好学，其蔽也愚；好知不好学，其蔽也荡；好信不好学，其蔽也贼；好直不好学，其蔽也绞；好勇不好学，其蔽也乱；好刚不好学，其蔽也狂。

蔽，遮盖，蒙蔽；愚，愚蠢；荡，放荡，放纵；贼，伤害；直，正直，心直口快；绞，纠缠不清；乱，无序，混乱；狂，轻狂，无拘束。这句话的大致意思为：喜好仁义但不爱学习，就会被愚昧所蒙蔽；喜好聪明但不爱好学习，就会被放荡所蒙蔽；喜欢轻信但不爱好学习，就会被伤害所遮蔽；喜好直来直去但不爱学习，就会被各种复杂的东西纠缠而受蒙蔽；喜好勇敢但不爱好学习，就会被混乱所蒙蔽；喜好刚强但不爱好学习，就会被轻狂所蒙蔽。

这里从多方面来说明学习的重要性，甚至可以说，只有配合学习，才能克服各种问题。学习成为一种追求卓越的必然途径，这方面，孔子所讨论的实际上也是教育问题，通过教育，人从低级向高级发展，成为更加优秀的更高层次的人才，在更高的层面上，获得各样真切的体验。

（18）群居终日，言不及义，好使小慧，难矣哉。

群居，聚集在一起；慧，聪明。这句话的大致意思为：整天聚集在一起，言语无关道义，又喜欢使小聪明，难（学好）啊！顾亭林用这句话形容南方人群居终日，在互相聊天聊地中，殊不知时间在不知不觉中从手指缝中溜走了，所以要珍惜时间。

（19）不怨天，不尤人，下学而上达。

怨，埋怨;尤，责怪，归罪于。这句话的大致意思为:不埋怨天，不责怪人，谦卑地学习后一步步增加知识，一步步提升自己。

这里需特别说明的是关于这个“达”字，一般都说成显达，实际上,对于接受教育来说,目的不同,对这个字的理解也不同。以“书中自有黄金屋”来看，当然是显达；但是从学习为了更好地发展自己、完善自己的角度，则应该以我们这里的解释为好。所以我们这里跳出了传统的理解，对受教育做出了一种更根本的理解，相信我们的见解更接近于孔子所说的本意。

（20）十室之邑，必有忠信如丘焉，不如丘之好学也。

邑，村落；忠信，忠厚信实。这句话的大致意思为：就是只有十家大小的村落中，也有忠厚老实如孔丘一样的人，只是不如孔丘那样喜欢学习而已。

可见爱学习是何等重要。

孔子强调通过学习来提高自己，学习成为提升自己的不二途径。上学堂学是学习，经常温习经典，也是学习。孔子实际上是创导终身学习的先驱。

每当读到孔子的这句话，不自觉中产生这样的一种情景：这位夫子坐在学生们的中间，正与学生们说着这、说着那，后来说到了忠、信等品质，说到了如何学习。这时，这位夫子信心满满地对着学生说："忠和信等品质，相信很多人都具备，但要使说到好学，那恐怕我老丘可算得第一名了。"他说这话的时候，有几分天真，有几分与学生较劲的味道，还有几分着急，显得质朴而又真诚。

这里涉及教和学，它在整部《论语》中占有非常重要的地位，因为无论是学说、还是文化，它们的传承和发展，都需要一代代的"教和学"的薪火相传，否则的话就难以为继。孔子作为儒学学派的大护法，他当然明白其中的道理；而且他开办的私学，更是很好地实践了教和学，所以所提出的具体观点是深邃而高明的。

进一步对教和学的具体内容进行分析，不难发现，教和学是一个事情的两个方面，它在总纲"有教无类"的前提下，对如何教、如何学提出了自己的具体观点，而且有些内容，是综合的，它既是对教来说的，也是对学来说的，这一点非常有特色，孔老先生本身是集教和学于一体，他不仅是伟大的教师，同时也是伟大的学生，他的观点是在丰富的实践基础上提出来的。

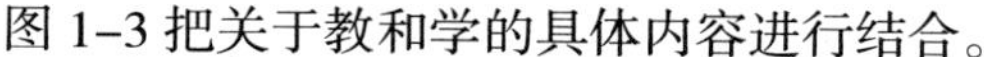
图 1-3 把关于教和学的具体内容进行结合。

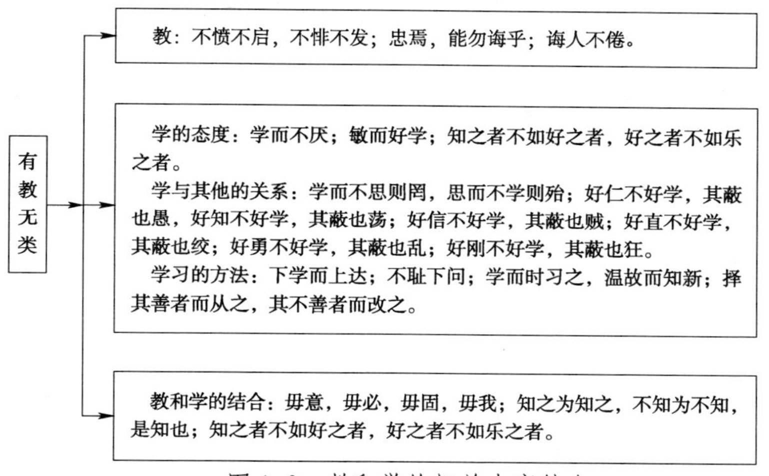

图 1-3 教和学的相关内容结合

4. 关于人际交往的分析

人是社会的人，与人交往是人生的一个重要内容，在《论语》中有关这方面的论述很多，它具体涉及了如何交朋友、交怎样的朋友、如何与朋友相处等内容，这里先选择一些具体的语句加以逐一分析，然后再做概括性的阐述。

（1）今吾于人也，听其言，而观其行。

今，现今；于，（对）于；言，言语；行，行为，行动。这句话的大致意思为：现今，我对于别人既要听他所说的，然后又要观察他所做的（来判别是否值得交往）。

这句话，不仅可以用来判别此人是否值得交往、成为朋友的准则，也可成为团体与团体，团体与个人之间互相考察的准则。当然，

“听其言，观其行”也完全可适用于国家与国家之间的交往之中。

（2）视其所以，观其所由，察其所安。

视，看，观察；所以，所凭据的（工具、方式、标准等）；所由，所经过的路线，即路由（也就是具体的行经过程）；所安，所安置的，所处于的位置。这句话的意思就是要深入考察对方，从源头，到具体经过，到结果所处的状态等都要观察、考察。大致意思可理解为：看他所依据的（工具和手段），观察他所经过的（过程），考察他所安置的（所处的状态和结果）。（然后知道这个人了）

这里用“视”“观”和“察”这些字，不难发现，它们具有递进关系。“视”，主要指一般的看，它表现在全局地看，具体“看”的时间不必太长，相当于英文的“look”；而“观”，就是用心观察了，不仅强调具体的过程，还需涉及具体的内容，强调持续性，用英文来说就是“watch”，它的程度要深一些；到了“察”，那是详细地考察了，它是一个综合性的判断，相当于英文的“examine”“check”等，它相应的程度应该更深些。因此，它们具有很好的可操作性，可作为与人交往中的基本准则。

此外，从这句子的结构来看，不难发现，“以”“由”和“安”都是名词，这些可理解为所要考察的各个阶段的具体内容。所以，也有人把这三者分别表示为“目的”“经过”和“结果”。这也有一定的道理。

（3）用之则行，舍之则藏。

用，使用，任用；舍，舍弃；行，做起来；藏，隐起来。这句话大致意思为：任用（我），（我）就好好干；舍弃（我），（我）就隐起来。

这是一句大白话，抱有受雇者（employee）的基本态度，因为只有被任用，才可有具体的平台，才能好好干；反之，因没有平台，只好站一边了。这可看成是与人交往，或替别人谋事的一种原则。

（4）暴虎冯河，死而无悔者，吾不与也。必也临事而惧，好谋而成者也。

暴虎，徒手地打老虎；冯（读 píng），古代通用于“凭”，这里是动词；冯河表示为：不用舟船徒步过河。

这句话的大致意思为：赤手空拳地与老虎搏击，不用舟船等工具，徒步过河，到死也不后悔的人，我不与他交往做朋友；那些碰到事情后心生恐惧，善于用智谋而做成事情的人，我才与他们交朋友。这话非常重要，就是要珍惜生命，以智慧见长的人才是朋友的合适人选，那些有勇无谋，大大咧咧不知惧怕为何物的人，是缺少心智的人，不宜与之相交。

孔子在这里仅仅举了个例子，来说明那些不用智谋的人，当然类似于暴虎冯河的事情还有很多，在交友时要细心观察，才能找到合乎心意的朋友，找到益友。

（5）可与共学，未可与适道；可与适道，未可与立；可与立，未可与权。

共学，一起学习；适道，在修持上互相激励；与立，互相获得成就；与权，互相通权达变。

这句话的大致意思为：可以与他一道学习的，不一定能与他在修持上相互激励；在修持上可互相激励的，不一定能一道获得成就；可与他一道获得成就的，不一定能一道通权达变。

（6）君子不以言举人，不以人废言。

举，举荐；废，不用。这句话的大致意思为：君子不因为一个人言语的好坏，作为举荐他的理由，也不以一个人品性的好坏作为是否接受这个人的合理的言语依据。

这里孔子谈到了对人的态度，他认为人的行为与言辞是应该分开的。在很多时候，对一个人的了解，需要听其言，观其行，思辨地对待，虽然人品不好，但某些言语是合理的，不妨把这些言语当作好的建言接受下来，也未尚不可。切不要因为他人品的原因，把合理的言语也一并否定掉了。同样的，也要注意那些话说得很漂亮，但人很坏者，也就是那些口蜜腹剑的人。所谓口蜜腹剑，它是一个成语，讲的是唐朝玄宗李隆基时，有一位宰相叫李林甫，他妒忌有才干的人，但表面上，对人家说得非常客气，但背地里的行为非常肮脏，经常在皇帝面前说其他人的坏话，让皇帝疏远其他人，以此来达到宠信自己的目的。他用这种伎俩，宰相足足做了十八年，不知道害了多少人。后来司马光写《资治通鉴》时，把李林甫归在奸佞类里，并送他一个“口蜜腹剑”的称号。

（7）君子成人之美，不成人之恶，小人反之。

这句话大致可理解为：君子总成就人家的好事，不破坏人家的好事，更不会促使人家做坏事、做可恶的事；但小人正好相反。

这涉及做人的良善问题，成人之美，也就是成为人家成功的助益者，而成人之恶，则是成为人家成功的绊脚石，或成为促使人家失败的诱导因素。所以君子是前者，他们的善良出自天性，而小人则妒贤嫉能，他们总是想方设法地不让别人成功，且促使人家失败。

（8）忠告而善道之，不可则止，毋自辱焉。

这句话的大致意思为：忠心而又用合适的言语劝告他，若行不通，就停下来，不要自取其辱。这句的句读应该为：忠告而善道之，不可，则止，毋自辱焉。

孔子这里给出了如何与朋友交往的方法，孔子认为益友有三类，分别是友直、有谅、有多闻，对朋友有规劝，就是友直的表现，但一定要注意方法，也就是这里所说的“善道”，当劝不进时，则不要一味地强劝，一味蛮干，要适可而止，这样可避免自取其辱。这句话给出了与人相处之道。

（9）众恶之，必察焉，众好之，必察焉。

恶，讨厌；察，考察，观察；好，喜欢。这句话的大致意思为：众人都讨厌他，我要好好观察；众人都喜欢他，我也要好好观察他。

这句话，很有道理，他基于这样一个基本点，但凡一个人，不可能人人说他好，也不可能人人说他不好，也就是不会是人人都厌恶他，也不可能是人人都喜欢他，当这两种情况发生时，一定要考察其中的原因。孔子强调这一点，说明他不是随波逐流的，他要通过自己的考察分析，来了解这些现象背后的深层次原因。展现了他“独立之思想”的一面。

（10）益者三友，损者三友。友直、友谅、友多闻，益矣；友便辟、友善柔、友便佞，损矣。

益者，有好处；损者，有坏处；直，正直；谅，体谅；多闻，博识；便辟，便于开拓改变；善柔，善于阴柔；便佞，便于言辞。这句话的意思为：三种朋友是有好处的，三种朋友是没有好处的；

与正直的人、与能多体谅人的、与博识有学问的人交朋友，是有好处的；与善变的人、个性阴柔的人、好夸夸其谈的人交朋友，则是有坏处的。

益友，是促使自己进步的重要力量；同样的，损友，是阻碍自己进步的重要因素。因此在与人交往中，要多加小心。交友不慎，容易被带入误途，这方面的例子多得数不胜数。

（11）道不同，不相为谋。

道，所走的路；谋，谋划。这句话大致理解为：所走的路不同，就不要与对方共谋划。

这里的“道”，是一种泛指，既可以指人的世界观等带有根本性的东西，也可以指人的志向、解决问题的态度和方法等。有成语“割席断交”“割袍断义”等大致可以看成“道不同，不相与谋”的具体表现。三国的时候，管宁与华颖一起读书，但华颖并不专心，外面一有什么响动，他就把书本放下去看热闹，由此而影响管宁的读书。等华颖看热闹回来，管宁拿起一把刀，对华颖说，我把本来一起读书所用的席子割开，从此你是你，我是我，我们就不再是朋友了。说完，就把席子割开了，从此，他们两人不再是朋友了。这就是成语“割席断交”的由来。此外，据说，军人之间互称为同袍和袍哥，当两人互相交恶时，也就是道不同，不相与谋之时，就要把袍角割下来，以示双方恩断义绝，这是“割袍断义”的由来。

（12）己所不欲，勿施于人。

己，自己；欲，要；施，给予。这句话大致意思为：自己不要的，就不要给人家。相关的有一句：己之欲，施于人。

这句话常常用来对那些对待自己和对待别人有差异的人进行反驳，在现实世界中，要真正做到“己所不欲，勿施于人”的是很少很少的。

（13）君子喻于义，小人喻于利。

喻，晓喻，告知；义，义理；利，利益。这句话的大致意思为：君子的话，要用道义来晓喻他；小人的话，要用给他利益来晓喻打动他。

孔子可谓是心理学大师，根据不同的人的道德修养的水平，采用不同的方法来打动他，让他为“我”所用，这实际是一种“术”而已。今天，规范人的是“法”，在法的统一规范下，来促使人人都能得到身心和利益的保护，这是进步的体现。

孔子的这句话，成了历来用人的不二权术。甚至到今天，还有很多人热衷于用这句话来统御人。

孔子虽辩证地对待“小人”与“君子”，但小人与君子毕竟不是可以绝然分开的，更进一步，判别一个人是君子还是小人，仅仅是主观的感觉而已，并没有可以定量分析的客观标准。所以，上面的一种解释，应该具有一定的局限性的。

针对这句话，还可以有另一种解释。在那个时代，把人群归类为小人与君子的依据，不仅仅是品德修持，还有他们的社会地位，上层社会地位的群体，被称为君子；而一般的大众，则被称为小人。这样，对于一般大众中的个体来说，对他的晓喻，采用利益的得失，而对于处于君子阶层的人，则以道义和使命感等加以晓喻。

与人交往和交朋友是人生中的一个重要组成部分，他/她都要与人交往，都会或多或少地与人交朋友，因此就涉及要不要交朋友、如何交朋友，交怎样的朋友、如何与朋友相处和朋友的种类等具体问题。针对这些问题,《论语》中都做了相应的阐述和说明，它实际上形成了一个相对完整的体系，不仅有指导思想，而且是层层递进，更有具体的操作规范。

根据所选的材料，可确立“人——我”互动的一个具体模型，从观察、了解开始，然后做基本的判断，然后确定交往的方式，也就是对于不同类型的人(君子和小人),具体交往的方式也不尽相同。

具体的模型可用图 1-4 进行表示。

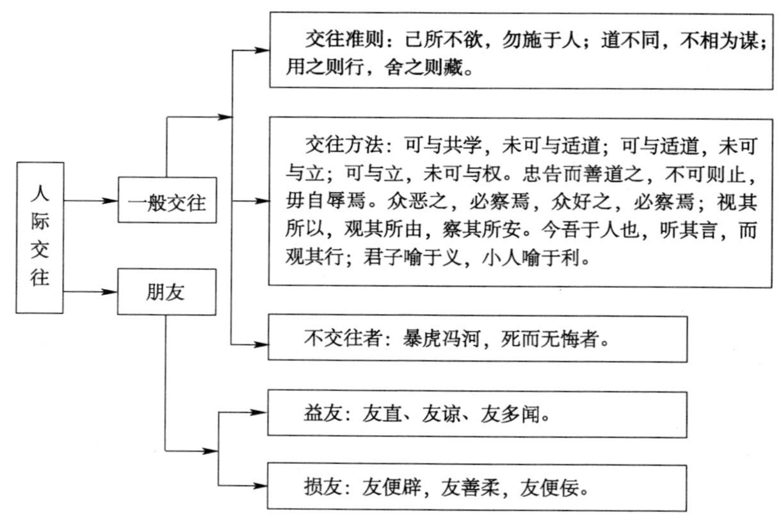

图 1-4 《论语》中人际交往理论的体系

5. 关于家庭生活中孝敬父母的分析

《论语》中强调家庭生活，家庭生活是个人的人生起点，也是日常修养的重要场所，在家庭的建构中，父母与子女之间的关系无疑是最核心的，也是最根本的，因为生而为人，总是父母的孩子，所以《论语》中特别强调家庭生活中的孝敬父母。这里选了若干的资料，先作逐一分析，然后再加以综合讨论。

（1）父母之年，不可不知也。一则以喜，一则以惧。

年，年纪。父母的年纪不可以不知道。父母年老了，一方面要欢喜（因为父母的长寿，使得我们有尽孝的机会），一方面要有所惧怕（因恐怕父母年老，来日无多）。

侍奉父母，了解他们的年纪，仅仅是一个方面而已，更多的是需要了解他们的身体状况、精神需要。在日常的侍奉中，要心存恭敬的心，也就是以一种喜悦而无怨的心情，面对父母。孔子从记住父母之年这个具体而微的小事出发，来教导我们应该如何恭敬地侍奉父母。

这句话是有前提的，它的前提是在父母年老体衰，需要侍奉的时候，也就是在家庭中，中心或核心已不再是父母时，作为子女的我们，要记得父母的年岁，也就是全面了解父母的状况，尽心尽力地侍奉父母。

（2）事父母几谏，见志不从，又敬不违，劳而不怨。

这句话,实际上是论及如何与父母交流的。谏,规劝;从,跟从,同意;敬，敬重;劳，劳作，这里指侍奉。它的意思大致可解释为：侍奉父母几番劝谏，发现父母并不听我们的劝谏，我们还是敬重他们且不违背他们的心意，好好侍奉，内心并不抱怨。

在侍奉父母的过程中，难免碰到各种各样的磕磕碰碰，难免有互相不一致的地方，孔子在这里给出了如何解决问题的具体方法，那就是“敬而不违，劳而无怨”，也就是：存敬畏的心、存无怨无悔的心，照样悉心侍奉。这是处理这一类问题的一条基本原则。

（3）孟懿子问孝，子曰：“无违。”

孟懿子向孔子询问如何做孝子，孔子回答，要做孝子的条件是不忤逆。

这里，有意用“不忤逆”来翻译“无违”，是有深意的。“无违”的通常解释，无非就是不违抗，显然没有“不忤逆”来得确切，这是因为“违抗”是中性的词，而“忤逆”则是贬义的，作为子女，不忤逆父母，实际上是带有根本的重要性的。

这一条，给出了孝顺父母的总则——无违，无违就是顺之，也就是孝顺。

（4）孝慈，则忠。

孝敬父母，要尽心竭力。

这里，实际上还可以这样进行句读：孝、慈，则忠。若做这样的句读，则原来的意思可以理解为：孝敬父母，要尽心竭力；慈爱子女，要尽心竭力，无可偏心。

这里，取第二种解释应该更好一些，这里把孝和慈对等起来，也就是不光作为孩子，侍奉父母要有“忠心”，对于父母这一方来说，对待孩子也要有“忠”，唯有彼此的忠，才会实实在在地减少家庭的矛盾，促进家庭的和睦，进而促进社会的和谐和安定。

（5）老者安之，朋友信之，少者怀之。

安，以……为安全可靠。这句话大致可理解为：要让年老者以他为安全可靠，要让朋友以他为可信任的对象，要让少年人对他心怀敬意。

虽然这句话是孔子告诉他的弟子，当介绍孔子时，用“老者安之，朋友信之，少者怀之。”来形容自己。但实际上，这句话反映了孔子作为社会和家庭的一员所秉持的修养和达到的境界。把这些话用在家庭生活中，以突出家庭中坚力量所应达到的要求，也是非常贴切的，因为对家庭中处于中坚力量的人来说，他们上有老，下有少，中间还要鼎立门户，要与其他人交往，处于这样角色的人，就要有“老者安之，朋友信之，少者怀之。”进一步，把“老者”和“少者”进行推广，那就成了孟子所说的:“老吾老，以及人之老；幼吾幼，以及人之幼”了。

（6）父母在，不远游，游，必有方。

在，在世，活着；游，外出宦游或访学；方，地方，去处。这句话的意思为：父母在世的时候，做（孩子）的不出游到很远的地方；就是要外出，也必须明确所在的地方。

这里的意思是，父母年事已高，做孩子的要孝顺在身边，最好不要外出了，让老人承欢膝下，万不得已，做孩子的要外出，也必须让父母（家人）知道他的去处，以便能及时找到他。

有人说，孔子说这话是有一个前提的，即那时赡养父母主要依靠孩子，尤其依靠男孩子。但随着社会的发展，老人可由社会来赡养，那么当父母年老的时候，对子女的依赖程度要低一些了。这似乎说得不错，至少在理论上说得通。但是父母与孩子之间还需要情感的交融，亲情的交流，子女在父母身边，不仅可提供物质的供应，还需要提供精神的抚慰，所以父母在，不远游，还是十分需要的。

这里所提的六条内容，也大致勾勒出了在家庭生活中孝顺父母的总体要求和具体方法。总体要求，就是“无违”和“老者安之，朋友信之,少者怀之。”具体的做法就是其他的四条,这也可用图 1-5 加以具体说明。

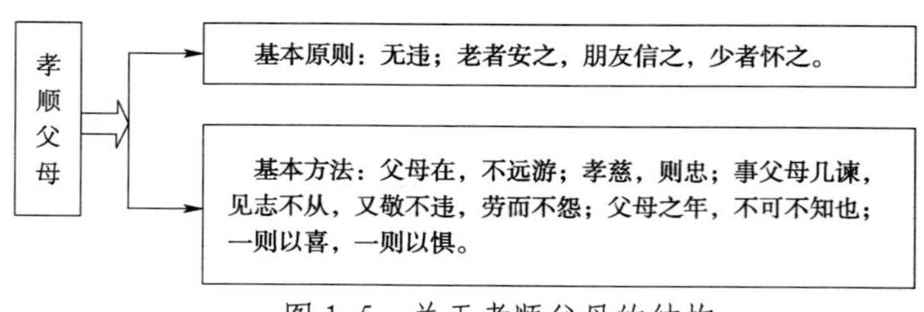

图 1-5 关于孝顺父母的结构

三、《论语》中的“君子”与“士”的概念辨析

在《论语》中，大量地出现“君子”这个词语，它包含了好多层的含义，从具体的语境来看，一是要具有一定的政治地位，具有贵族的身份，也就是英文中的 Noble 或 Noblesse；二是要具有较好的经济地位，也就是要有经济基础，比较富有；三是需具有很高的道德修养。这三条是基础性的，在这些之上，还需要有很高的文化学养，以及其他各种的优越条件。所以“君子”这个词语具有开放性的特性，似乎需要把一切好的东西都归结给它。

从《论语》来看，“君子”是泛指的，使用的含义并不统一，在论及诸如“君子有三戒……”之类的，主要突出具体的身份（贵族身份）和经济条件。而论及一般的品行时，主要强调的是德、才、学兼备的人，它有点类似于英文中的“Gentleman”。英文中的 Gentleman，因为 Gentle 的含义是文雅的、富有修养的，但它又涉及前缀 Gen-，含有基因、血统等的意义，也涉及具体的出身地位。所以这两者大致相当。

但随着时代的变迁，门第和地位的观念相对弱化后，君子的含义也有了一定的变化。现今，对君子的称谓，除了一般意义上的客套外，大致是对那些具有高尚品行的人的尊崇而已。

此外，还需要说及“君子”与“士”之间的关系，论语中说及“士不可不弘毅，任重而道远。”这样的句子，可想而知，“士”与“君

子”是两个不同的概念。一般来说，“士”更强调身份地位、政治地位、使命感和本身的素养技能的装备，用曾子的话说，就是要“仁以己任，死而后已。”它更强调“以一当十”（潘光旦先生语），而“君子”则是一种泛指。分析《论语》成书的时代中的人员阶层，那么大致可理解为：“士”是坚守“仁”，且具有一定政治使命和任务的“君子”阶层中的核心部分的人员，而“君子”泛指一般的具有接受教育权利的一个大的阶层中的个体。打个不怎么恰当的比喻，在英国的皇室中，“君子”大致指一般的皇室人员。而“士”则是具有继承王位等权利的那些皇室人员。相比较于一般的皇室人员，他们的坚守需更持久、责任更重大，也就是“任重而道远”。

第二部分

诗 歌 辨 析

一、关于诗的源和流的辨析

（一）

诗歌作为一种文学样式，它的起源非常早，可以这样认为，在确定的地域中，当相对稳定的语言出现时，诗歌就已经在那里口口相传了。这种以声音作为传播载体的，估计最大的特点是上口易说，好听易记，尤其是需要用心记的，从音的角度要互有启发，这样更加易于记诵并可在较广范围内传播，且活泼多变，富有生命力，更能很好地实现情感等的表达。所以，诗是基于口说的语言来表达心中的想法。这诚如《毛诗序》所言："诗者，志之所之也。在心为志，发言为诗，情动之于中而形于言。"诗歌的起源在于语言的对思考及情感等的具体表达。因为诗歌的发端在于"言"，它是一种重要的表达方式，难怪孔子有"不学诗，无以言"的观点。然后，随着文字的出现，这些口口相传的诗句就被慢慢地记录下来。尤其是在春秋时代，诗歌作为来自生活的活泼的文体，它的内容反映了相关群居人们的真实的情感。因此，在普通百姓之间口口相传的诗歌，是最真实的民俗民风的一部分。当时的统治者要了解自己统治下的民风，就会派相关的官员（被称为"乐正"）去了解民歌等民俗。这些了解民歌之类的官员，自己也很擅长音乐，在这方面应该是专家。他们记录的同时也应有所编撰、修改，甚至是创作，唯有这样才能分辨其中的好坏，以决定采用与否。此外，因为古人需要一定的仪式（Ritual），在仪式上的情感表达总应该浓烈些。而诗歌的咏颂，就可达到这样的效果，这似乎就成了诗歌的社会性需要，而且无论宗庙上的仪式，还是民间中的仪式，对当时的人们来说，都是头等的大事，而诗歌可在这些仪式中发挥作用，诗歌的重要性更是不言而喻的了。所以，无论是口头上的诗歌，还是最初所记录下来的诗歌，它们成为当时人们生活中所必需的一部分，所以很自然地流传了下来。

这种在具体的生活中产生的诗歌，它们通过口口相传，然后成为在族群活动中的表现（表演）形式，给它赋予民俗礼仪等的意义，并上升到整个族群中的文化记忆，进而为后来的文字记载打下伏笔，这可以被看成是各民族的诗歌起源的通例。我们民族的诗歌起源是这样，其他民族的诗歌起源也是这样的。以犹太民族为例，圣经中的《历代志上》(《1 Chronicles》) 上也有相近的记载，在犹太民族的族群生活中，就有一类人专门管理诗歌的，如伶长等，在圣经的《诗篇》(《Psalms》) 中，共计一百五十首诗歌，其中有很多是通过伶长们的加工、配乐器等加以演唱，然后被文字记录，流传下来的。

（二）

如何界定诗和歌，一种观点认为，诗歌不分。实际上，应该是有了唱的歌，然后才慢慢地有了诗，诗与歌的联合，本是不分彼此的，若硬要说出区别来，诗是歌词，而歌是包含歌词、曲、调、谱和舞等音乐要件的一个复合体。依据传统的观点，对诗的定义是，“诗言志”，如上述的《毛诗序》中的断言。另外，许慎的《说文解字》

里也有类似的说法，在《说文》的《言部》里有这样的话：

诗，志也。从“言”，“寺”声。

所以，它是根据六书（这里是指造字和用字的六个具体途径，分别为：象形、指事、会意、形声、转注和假借）中的指事之类的造字原则所形成的,即诗的具体书写就是“言志”。此外,在《左传》中，韩宣子说过“赋，不出郑志”的话，也就是从他的角度来看，赋是由郑地的诗歌演化而来。赋成为诗歌的一种具体样式，它实际上就是赋诗。通过具体的赋诗，可以由此了解赋诗者个人或这个人所代表的诸侯国等的大致情况。对于个人来说，这包括他的志向和气度，所反映的是他的一种修养和理想。因此，在很多重要的场合，以彼此赋诗等作为一项重要的内容，诸如诸侯会盟、出使互访，在相应的仪式上、宴会上，彼此以赋诗来表达某种内心活动，这就与具体的政治搭上了关系。而这些往往关乎重大事件，容易被记录下来。这可举一个例子加以说明：在《左传》襄公二十七年，郑伯在垂陇宴请来访的晋国使节赵孟，在当时，晋国是大国,郑国是小国,大国的使者出使小国,总是神气活现的,这一点可能是古今同理，只要看看当今美国的国务卿出访其他国家的情形，大致就能感觉得到个中的意思。在宴会上，作为客位的赵孟想了解大家的“志”，就要求在场的人赋诗，郑国的子大叔用了《野有蔓草》中的“邂逅相遇，适我愿兮”这两句诗句，以表达郑国欢迎赵孟的访问的意思。虽然《野有蔓草》这整首诗的意思与这里所要表达的并没有多大关系，但无论子大叔还是赵孟，都理解这里所表达的意思是郑国欢迎使者的访问。因为子大叔的这两句赋诗，主人和宾客之间拉近了距离，双方把盏言欢，宴会进行得非常顺利。就在这次宴会上，赵孟就与子大叔等郑国的权贵们说到了“诗以言志”。这种场合的赋诗，也作为重要的文献被记录下来。而当时口口相传的许多诗歌，因没有被采风者所记录、润色、修改等再加工处理，而被湮没在历史之中。

所记录下来的赋诗等，逐步有了确定的版本集类（Collection），这就是从雏形到定本的过程。在中原地带，后来形成的诗三百，它就被称为传统的诗经（但诗经这个名称直到宋代才出现）。在孔子时代之前，它已经形成文献被相对确定地记录下来，所以孔子不仅可以用耳听到这些诗，还可具体地阅读它，并给它“思无邪”的评论。在南方，以楚文化为主导的地方，相对于黄河流域的中原来说，是化外之地（中原把四方的人称为东夷、南蛮、西戎和北狄）。它的文化虽与中原文化有交融，但自己的特色也非常明显，在民歌等形式的集体创作的基础上，更多地强调了具体作者个体的创作，因此它改变了诗歌的创作模式，或者说丰富了以《诗》为代表的创作模式，把集体创作阶段推进到了个体创作阶段，也就是实现了诗歌创作的群体性向个体性转化,屈原的《离骚》具有标志性意义。正因为如此，后人把诗人称为了“骚人”。以屈原的《离骚》等为代表的楚辞，风格相对瑰丽，在常用叹词“兮”的基础上，进行具体的咏叹，以加强情感的渲染，诗句的字数也有变化，且字数较多，所形成的诗句更适合于一唱三叹，以表达更加浓烈的情感，这也符合楚人的特点。据说楚人个性鲜明，脾气刚毅而爆[1]，他们为了表达自己真实的情感，

---

[1] 楚人性格方面的论述，可以见《王元化先生谈话录》中的相关文字记载。王元化先生的父母都是湖北江陵人，虽然其父王芳荃先生幼年家境贫寒，但因他从小信奉基督教，得到了当地教会及牧师的帮助：不仅资助他读书，培养他侍奉，还让他留学美国，并把女儿嫁给他。从此王芳荃先生彻底改变了自己的贫苦命运，学成归国后，相继在清华大学、唐山交通大学、北方交通大学等地任教。他们夫妻都有纯真的信仰，都有坚毅卓绝的品行，在世都享高寿，芳荃先生享寿 96 岁，其夫人享寿超百岁，他们成为一对人瑞。王元化先生认为自己是楚人的后裔，在性格方面遗传了楚人的刚毅、暴烈等特性。

总是手舞足蹈，长吁短叹的，《离骚》等样式与这种情感表达相适配。中原文化的《诗经》与楚文化中的楚辞，它们构成了文字记载下的最早的诗歌，成了诗歌表现形式的一种最早的定本。对后世的诗歌内容和样式产生深远影响的同时，对于诗歌创作的具体方式也具有具体的指标性意义。

（三）

诗作为一种歌词，得以流传下来的原因，除了因被记录的缘故外，还有在实际中具体强化它的功能的原因，从孔子开始，就采用定本中的诗歌来评论世事，他把已成定本的诗歌，看成一个集合，他不顾及整首诗的意思，而把其中的某一两句加以引申来述说自己的感想或表达观点，这慢慢成了一种风尚，之所以会如此，其中的原因总不外乎以下几点，一是诗歌有音韵之美，易于上口，与说和唱相合宜，更易于表达，二是在那个时代，用声音传播比用书写传播来得方便，三是时代的风气和有权者的创导和示范作用的结果。

孔子的工作具有指标性的意义，实际上，孔子成了从传统的“赋诗”，向具体的“解诗”方向转变过程中非常关键的一个人，他给诗赋予了新的功能。从一个角度说明了在孔子时代，诗三百之类的，已经成为用文字表述的一种典籍，只不过那时，这个典籍还没有被孔子拉进来作为儒家的经典而已。

由此，可以这样说，孔子用诗评议时势政治的方式，成为诗教的开端。诗教最早可用“温柔敦厚”来概括。根据朱自清先生的观点，它大致有四个方面：分别为“献诗陈志”“赋诗言志”“教诗明志”“作诗言志”。这里虽都说到“陈志”“言志”“明志”和“言志”，看起来似乎差别不大，但实际上四者之间，都是各有侧重的，而且差异很大。主要体现在：一是诗的存在状态的差异，二是使用诗的场合的差异，三是所应表达的意蕴的差异等。对于“献诗”来说，用已经成篇的诗的全部或部分，作为礼赞等的礼物呈献，并由此来表达自己的志趣等，这里的“陈”就是陈述。“赋诗”和“作诗”是有区别的，赋诗在传统意义上的诗歌产生，并由此来表述志向志趣，而作诗往往可被理解为是个体的写诗来表达个体的志趣。至于“教诗”也就是以已有的诗作为教材，学生通过学习诗，从而确立远大理想。从这四个具体功能中不难发现，一是诗的社会性功能，尤其教育功能得到了发展，二是诗歌的产生方式发生了改变。原先，诗歌是一种集体的创作，口口相传后得以流传，并被采风问俗后，得以记载，构成诗集，这些诗都是可咏、可唱的，因此上口、悦耳是最基本的特色。从作诗言志开始，实际上个体也可有意识地加以单独创作，这为诗人这个群体的出现埋下了伏笔。虽然“诗教”作为传统被传承了下来，但是具体的诗教的内容还是有变化的，后来因为《论语》和孔子的地位进一步提高，孔圣人的话被看成是颠扑不破的真理，因此，把孔圣人在《论语》中所说的“思无邪”中的“无邪”做了诗教。随着时代的变化，诗教从讽喻政治等，慢慢地转化为纯粹的个人的一种情感表达了，也就是由诗的典籍中的引用，到纯粹的诗人个体的创作，表达诗人个人的广泛意义上的情致而已。这样，它的教化功能，尤其是关于政治等的讽喻、教化等功能日渐式微。但无论如何式微，似乎总与讽喻等联系得上。具体的，有历史记载的，如北宋苏轼的“乌台诗案”、清朝的“文字狱”（Word Persecution）等，总能看到它的影子；有作为小说等虚拟（Fiction）描述的，也可举《水浒传》中的宋江在浔阳楼上的题诗等，这是否可看成“作诗言志”？只不过它的作用已经是反过来了而已。

（四）

诗从起源走到现在，经历了漫长的过程，这个过程中，与诗相关的都不停地起着变化。考察整个过程，不难发现，诗从口口相传的记录，到以“言志”为目的的赋诗和作诗，以及“献诗”和“教诗”，大多是对已经记录在册的诗歌的具体应用。这时代的诗的创作，总的说来以集体的创作的形式居多，然后通过相关机构如乐府等用“采风”的方式把它们加以采集、整理和记载，但也不能排除具体的个人创作的形式的出现。而且个人创作形式越来越占据主导地位，而这两种创作方式并存的局面基本上维持到了魏晋南北朝时期。在中国的历史长河中，南北朝是一个重要的时期，它的最大特点是既改变以往的传承，同时也总结过往的历史，这个阶段往往会出现重要的典籍，与诗相关的就有《古诗十九首》《玉台新咏》等。《古诗十九首》是萧统根据《古诗》进行节选并放在《文选》里的，这些诗的具体作者已经不可考。诗的形式也由《诗经》中的以“四字为主”转到了五言，它们相比较于诗经等已发生变化，但从诗的成形过程的角度来看，大多还保留着旧的传统。《玉台新咏》也是一个诗集，它比《古诗十九首》稍晚，由梁中期的徐陵所编，收诗769首，共计十卷。它也明显以五言为主，选了131位作者的作品。这一点很重要，至少说明诗歌的创作已经从一个群体的歌咏过程，转到了完全的个人的创作的过程。它也弱化了传统的诗教的作用，至多仅仅体现了“作诗言志”中的某些功能而已。另外，在《玉台新咏》之前，以个人创作形式出现的诗歌早已存在，这可举陶潜和谢灵运为例。陶潜和谢灵运都被看成是山水田园诗人，这至少说明在东晋时代，个人作诗已经成为主要的诗歌创作形式。南北朝以后，诗歌还在进一步发展，从诗歌的形式上来看，五言、七言，以及字数有变化的都相继出现。在不同的时代里，因为所崇尚的风气不同，在诗的范畴下，不同的具体规制的诗歌创作就次第展现，唐诗、宋词、元曲等仅是诗歌的具体规制形态不同而已。

自明清以降，诗的新样式的出现要等到二十世纪初的新文化运动了。这时的新诗，它们的形式和规制已经多样化，相关的理论也呈现多样化的趋势，但至少有一点需要特别的说明，那是胡适先生所强调的“写诗如同作文”，倘若作文无定法，那么自然写诗也无定法了，这可能也算是诗的一种归结或终极趋势吧。

（五）

诗在各个时期都经历着变化，整个的变化过程中，唐代的诗和宋代的词，无疑是具有十分尊崇的历史地位的，唐代是一个全民写诗的时代，完全可用诗的鼎盛时代来形容它。它所展现出的蓬勃气势，确实令人震撼。一是诗的作者多，二是诗的产量大，三是诗包含的内容广，四是诗所开出的境界不仅宽广而且深远。它们把诗所蕴含的情感非常强烈地表达了出来，成了人们抒情、感怀的一种上好选择，又包含美学上的深厚意蕴。总之，由于唐代对诗的创作的广泛实践，把诗提升到了非常高的地位。

五代和宋时代的人喜欢唐诗，但又处心积虑地要突破唐诗的风格。之所以如此，因为他们知道，要在以相同的形式上，超越唐诗，甚至是追平唐诗的成就，根本是不可能的事情。与其跟着唐诗的后面打转，还不如另辟蹊径。因此，五代和宋时代的人，用四六等长短句来作诗，构成了具有时代特色的宋词。实际上，词的样式在宋以前就有了，很多虽被看成宋代的词人，但他们写词的整个创作过程还包含了五代时期。根据王国维先生的观点，宋词脱胎于南唐的冯延巳和李氏皇帝兄弟等；夏承焘先生认为，宋词远的受乐府、唐代民间流行的曲子词、敦煌曲子词、中唐时代文人词等的影响，近受花间词等的启发，其中最直接的来源有两个，一是冯延巳和李煜兄弟等的南唐词的影响，二是以韦庄等为代表的西蜀词的影响，因为在五代时期，西蜀和南唐是歌词的繁殖、繁荣之地。所以北宋早期的词以艳丽婉约为其特征，后来词的风气有所变化，有人走婉约的同时，也写出了豪放的词，这可从词所表现的内容的范围的拓广来考察，这至少说明词的表达范围和意境有了质的飞跃，从深沉低吟到了豪迈放歌。宋词可被看成诗的一种变体，同样由于被广泛地实践，也达到了非常高的成就，它与唐诗相媲美，在诗歌的发展历史中，它与唐诗相平列，成为诗词成就中的另一座高峰。

从唐诗到宋词，从音乐性的要求方面来看，实际上没有多少改变。因为从总体上讲,宋词同样对押韵和平仄等有要求,但从“字数”的角度来看，显然宋词要灵活很多，某种意义上讲，宋词至少部分解放了诗的格式中对“字数”的要求,它实际反映了“作文”与“作诗”之间的彼此影响，互相交融。以这样的视角来看元曲，似乎元曲在字数的方面走得更远，它可被看成是“文”与“诗”之间的进一步的交融，更趋向于与“诗”“文”的结合了。

在这里，还需指出的是，除了“诗”与“文”的结合外，还有与音乐的结合，实现“音”“诗”“文”的统一，尤其在宋词和元曲中，往往是音乐的音和调等的需要，促使了诗向词，诗向曲、词向曲的方向演变。就词来说，如《浣溪沙》《竹枝词》《柳枝词》等，从具体的形式等来看，可以断定，它们是从绝句等形式演化而来的，因为，它们或多或少地都保留了诗的痕迹。就词的创作来看，至少可以分成两类，一类是根据词的格式，进行原创性地创作，也就是，在符合词所需要的音乐性等要求的基础上，文字的创作虽也有应用典故之类的，但基本的内容还是以原创为主，强调“创意”。还有一类是对原来的唐诗等加以改编，使之符合词的格式（包括字数和音乐性等要求），这类似于对已有的诗进行适当的句式等的改编，把本来是诗的样子，改成了词的样子。从内容来看，可较明显地看出词所改编的原来诗等的痕迹，它强调形式、音乐性等的创设，也就是“创调”。“创调”为主的词作者是存在的，比较典型的如周邦彦，他以“大晟乐府”的提举身份，订律制曲，创作出了很多新的词牌和新词。尤其在长调方面，竭尽铺叙，富艳精工，不失为第一流作者，但陈振孙在《直斋书录题解》中说他“多用唐人诗语”，也就是说他以唐人的诗语作为新词中的内容；而王国维在《人间词话》中更直接地说他是“美成深远之致，不及欧、秦（欧阳修和秦观），惟言情体物，穷极工巧，故不失为第一流作者。但惟创调之才多，创意之才少耳。”“创调”和“创意”，正说明了词创作中的具体区别，可见，把周邦彦划归到“创调派”词人是合宜的。

实际上，“创调”可被看成词创作的音乐性方面的创设，而“创意”可看成词的创作中的文学性方面的创设。词作为文学性与音乐性的统一的文学样式，所对应的“创调”和“创意”也应具体统一。这个统一性不仅体现在具体的创作者身上，也就是词作者在创调和创意上的统一，著名的如南宋的姜夔。这个统一性还体现在具体的词作品上，词作品无论是出自创意，还是出自创调，只要它是有感而发，情致真切，能打动人的心弦，就是好词。这个统一性还体现在具体的词的创作过程。实际上，它为词的创作提供了更加宽泛的门径，让创作者有更多的着力点。

（六）

与诗相关的，除了创作，还有一个重要内容是欣赏，欣赏也是源远流长。实际上，诗教中的四种具体内容都可被看成是欣赏的一种，只不过以前强调的“六书”与政治有关，而欣赏则更多的是强调个人的感知。欣赏，是通过对诗作的阅读、吟咏、记诵等过程的运作，以达到与诗共鸣，或用诗来表达自己的情感，说得更直白一点，就是可借用人家的诗（句），来表达自己的思想情感活动。这可以举一个浅显的例子，李白在黄鹤楼上就说“此地有景说不得，崔颢题诗在上头”他实际上完全可用崔颢的诗句来表达自己的情感。

与欣赏诗相关的，被称为诗话，据说最早由欧阳修所创设，他通过读诗，把一种具体的感受和所思所得写下来，构成一个个相对独立的片段。这些文字，除了传统意义上的诗话外，实际上也构成了一种关于诗的批评，已经属于文艺批评的范畴了。诗话和后来的词话等，它们成为关于诗词为研究对象的文艺批评的重要样式，非常著名的如王国维的《人间词话》等。在这里，王国维提出了著名的境界说，并提出“有人之境”“无人之境”等美学意义上的文艺批评新概念。它业已成为经典，具有非常尊崇的地位。

所以，欣赏诗词，是否可以说是借已有诗词的“酒杯”，来浇欣赏诗词者的块垒。由此，产生了一种诗词创作的变体——集句，也就是一首完整的诗或词，它的每一句都是从别人的诗词中摘出来的。据说这种集句的方式最早起始于宋朝的石曼卿（他是欧阳修的朋友，欧阳修写有《祭石曼卿文》），与石曼卿稍后的王安石就用集句的方式来创作，传至今日尚有“集句诗”和“集句歌曲”各一卷。但这位拗相公的集句诗等拼凑的痕迹明显，可能因为刚开始，难免有一些不贴切、不自然的地方，这总是难免的。后来的人，因为满腹诗词，把集句也可做得非常出色，他们远接孔老先生的“解诗”的精髓，近开作诗的新门径，如在邹弢的《三借庐笔谈》中记载的，苏州的金子春的《四十述怀》的四首集句，其中之一是：

四十无闻懒慢身（戴叔伦），生涯还是旧时贫（朱庆余）。
谁能阮籍襟怀旷（刘　谷），自叹虞翻骨相屯（韩　愈）。
药圃茶园为产业（白居易），柴门草舍绝风尘（刘长卿）。
物情多与闲相称（刘　咸），且恐闲人是贵人（李山甫）。

其他三首七律集句为：

1．

不解谋生只解吟（郑　谷），寒斋长掩暮云深（唐彦谦）。
未酬阙泽佣书债（韦　庄），却用文君取酒金（李商隐）。
红烛有时还入梦（罗　隐），青云无路觅知音（赵　嘏）。
年年今日谁相问（李山甫），探得黄花且独酌（司空图）。

2．

出门何处望京师（戴叔伦），几度临风动远思（牟　融）。
多病漫劳窥圣代（罗　隐），无才不敢累清时（王　维）。
蹉跎冠冕谁相念（薛　能），寂寞烟霞只自知（薛　逢）。
一卧沧江惊岁晚（杜　甫），芭蕉叶上独题诗（韦应物）。

3．

一想流年百事惊（薛　能），青袍今已误儒生（刘长卿）。
时艰何处披怀抱（刘　象），身贱多惭问姓名（卢　纶）。
薄有文章传子弟（白居易），更无书札答公卿（方　干）。
壮心暗逐高歌尽（韩　偓），白发新添四五茎（薛　逢）。

显然，这四首用集句所凑成的诗，把晚清的金子春年过四十而寂寂无闻的悲怆之情非常传神地表达了出来，是很显功力的。

（七）

我们可以这样来说，诗是源远流长的一种文学样式，它从一开始就有别于传统的辞和文。它大致可以按图 2-1 表示。

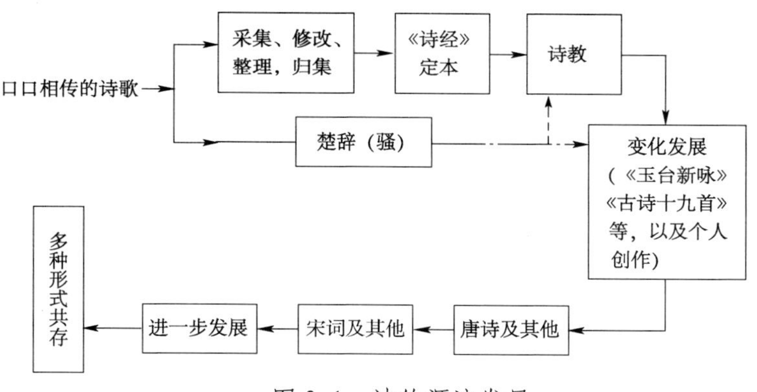

图 2-1　诗的源流发展

最后，还想说一下自己的私见，自从由音定字以来，也就是有确定的语音表达和文字表达以来，“诗”与“文”的发展应该是各自独立的，虽互相之间有交融，但至少在起源时走了不同的路。对“文”来说，它的起源应该是辞，如记录的一条条的辞令、卜辞等，它们虽是片言只语，但是后来把这些辞连起来，就构成了一篇篇的文。所以，从源头来看，作诗并不同于作文。以儒家的经典来看，用以诗教的仅是《诗经》而已，其他的诸如《尚书》《易经》等，并没有诗的样式。此外，《论语》相对较特别，它可被看成是记事的，但它的“记事”是以“记言”——孔子及其弟子等对事情的讨论等为内容的，也就是记事是以说话的方式表述的，它也涉及了声音，所以，有一些文字就有诗化的倾向。但诗和文在长期的发展变化之中，由于互相借鉴和影响的作用，使得它们彼此有了交集，最大的交集是否可以看成是作诗的散文化倾向，这把具有严格的格式要求的诗做了某种程度的变通；与之对应的，另一个就是散文诗了，这当然是散文的诗化倾向，但无论是怎样的互相影响，诗和文总还是两个不同的文学样式，不可能在很短的时间内彼此合二为一。这正如声音与图像总不可能彼此合二为一，道理是一样的。基于这样的考虑，回想当年胡适先生的“作诗如同作文”的观点，以及梅光迪等提出的相应见解主张，虽然在当时是胡适这一方大获全胜的，但从辞（文）和诗的起源、声音与图像之间的存在样式等来看，两相比较分析，不能说，梅光迪等人的见解和主张一点道理也没有，而胡适的观点一点瑕疵也没有。这些值得令人思而再思，直至三思的。

二、诗词鉴赏之我见

（一）

诗词作为文学样式，在悠久的历史发展中，它的创作需求、具体的功能等都发生了巨大的变化。从开始的通过集体的创作，或当政者通过采风等方式，把诗歌征集来加以再创作，并以音乐作伴奏，在国家（诸侯）的重大事件（如祭祀、国宴等）仪式上用来献唱，来表达对天、地、祖先的崇拜等的状况，慢慢变成了由人（不一定是诗人）的个人的创作来表达自己的思想情感，或记叙相关的事件过往，它也兼顾了记事的功能。所以，诗歌成了一种有一定具体要求的文学表达样式而已。这个要求具有历史的遗传性，这是因为文学的样式相对固定，变化极其缓慢，而新一代的世人刚开始接触文学时，最先所表现的是继承，对文学样式的认知也是如此，所以它们被这样一代一代地传承了下来。

值得一说的是，诗歌最先的形成模式和具体所赋予的功能，具有普遍性的意义，也就是说不仅中国的诗歌是这样，外国的诗歌也是这样。具体的如以色列（Israel）人的诗歌，它们也是用来在崇拜上帝等重要的祭祀活动中献唱的，或是民族族群中遇到什么重大事情时的重要仪式的一部分，这在圣经里有具体的记载。如《诗篇》，就记载了 150 篇诗歌（Hymn）；欧洲的《荷马史诗》

之类的，也是如此。而且把诗的叙事作用表现得淋漓尽致，更可推而广之。那些少数民族中的长篇叙事的诗史，虽没有形成文字，但通过口口相传的方式传了下来。我们要问，为什么这些不用一般的散文或小说之类的样式作记述，而是采用诗歌的方式呢？一个很重要的理由是诗歌首先适合于口语的、适合于说唱，它是以声音作为记忆和传承的。因此，为适合于说唱和聆听，就需要对声音有所要求，而这些恰好是诗歌所拥有的特征，它们彼此相合适。这样处理是合理的，因为它符合最小的投入和最大的产出的原则。这是因为，说是人人都会的，用说唱和听的方式进行传承，不仅传播的范围可达到最广，在一个族群等所组成的团体中，除了聋哑人，几乎人人都可以被普及，同时它可以避免用写的方式作记录的很多附加条件的限制，一是需要有文字出现，二是哪怕已经有了文字，但能写的人肯定要比能说的人来得少很多。这也是那些没有文字、只有声音语言的民族，它们的长篇叙事，民族起源或重大事件的记叙、都是采用诗篇的方式的原因。

（二）

诗歌的欣赏是一个古老的话题，自从有诗歌以来，就涉及欣赏问题，哪怕是最早的祭祀活动等仪式上所吟唱的诗歌，无论是吟唱者，还是聆听者，都因诗歌而产生强烈的情感体验，形成肃穆庄严的气氛，达到如孔子所说的“祭神如神在”的效果。这本身就是欣赏诗歌所产生的一种反应，虽然它是从听觉的角度来达到的。

诗歌的欣赏，可以理解为是主体的阅读者（聆听者等）通过对客体的诗歌的接触，所发生的一种情感共鸣式的反应。这里特意加了“共鸣式的”作为形容词，意在强调主体（包括读者、吟唱者、听者等）对诗歌的一种显式的体会，因为从信息论等观点来看，把主体的人，看成一种信号处理器，客体的诗歌作为信息源头，它就构成一种激励。那么，无论共鸣与否，一定是有响应的，而之所以用显式的，意在表明诗歌所表达的意境之类的，在读者主观上起到了强烈的反应，这种反应类似于信号处理中的功放（能量放大器）的作用，使得主体的情感反应中产生了明显的愉悦、悲愤、感慨等情感表达（表现）等。而且这种反应是能动的，又具有个体差异性，受读者（广泛意义上的）的经历等自身的条件的影响。它可以被描述成如图 2-2 所示的具体模型。

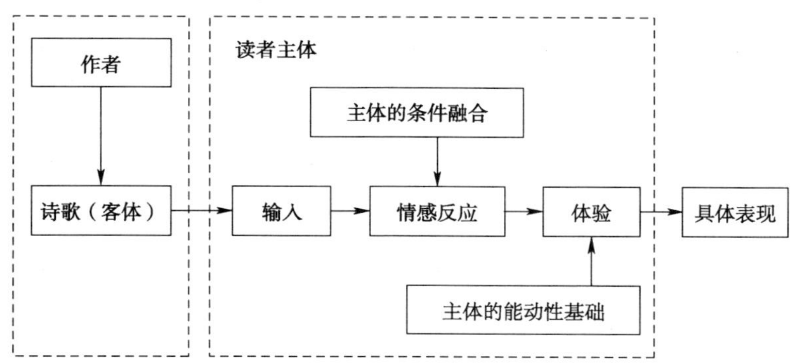

图 2-2　基于激励一响应机制模型的诗歌欣赏过程

借鉴系统论和信息论的信息处理模式，给出了诗歌欣赏的一种具体范式。在这个范式中，既需要有主观条件的附加，还要有客体相关条件的附加，再通过主客体之间的互动，才会有具体的欣赏的体验。对客体的诗歌来说，它通过一定的文字的垒砌，形成了诗歌的样式，把诗歌创作者自己的情感（这里的情感是广泛意义上的，它包含了创作者的所感、所见、所悟、所听）等固化了下来，形成了具体的诗歌的风格、格局、意境等，诗歌创作者通过这样的方式宣泄或表达了自己的内在的感受和情感，也就是这些情感、意境等依附在所创作的诗歌之中，它们把诗歌作为了载体，把诗歌创作者的情感等携带在诗歌上面。而作为诗歌的阅读者、聆听者等主体，由于通过对诗歌中的文字的接触感知，进而认知文字所携带的更深层的思想、情感等，并借助于自己已有的诸如对某些场景的体验、对某种特殊经历的同情、对某些意境的感慨等，从而生发出具体的感受，表达对所接触的诗歌的喜爱或其他的感情表达，而且由此把诗歌中的情景、意境等作为了一种存储，当日后遇到相似的情况时，就可用别人的诗歌来表达自己的情感宣泄，它深化了诗歌欣赏的广度和深度。因此，针对诗歌的欣赏，似乎还可以被理解为诗歌的作者与读者之间的一种内在的对话，他们对某一种具体的情景的共同的感受和体会，尤其把这种体会上升到一定的美学审视的高度，展现了美学的维度。所以诗歌的欣赏，既是具体的、个体的体验，又是抽象的，具有普遍性的体验，它们完美地结合，在美学中获得统一。

之所以说诗歌的欣赏是个体的、具体的、独特的，这是因为，诗歌的欣赏对于个体来说，是非常具体而微的，它受欣赏者的自身的条件、体验和具体的反应的影响，所感受到的体验一定要通过欣赏者主观的作用，这一点是非常明确的，这也就是为什么同样一首诗，有的说很好，有的说并不好，有的能见微知著，得到独到的见解和体验的原因。同样的，诗歌的欣赏是抽象的，带有普遍性的，因为诗歌确定下来后，相应的意境等也已确定。这一点是客观的，不因欣赏者的改变而改变，对于不同的欣赏者，虽有着千差万别，但在这一点上若有共通，那么他们所激起的反应也一定是相似的，所给出的欣赏评价也可大致相似，或虽有个人的痕迹，但大多数还可以形成共识，这也就是对诗歌的评价总有一个大体的一致的重要原因。

因此,可以这样说,诗歌的欣赏和玩味,是一种具体与抽象（或者说是具象与抽象）的统一，是作者与读者的情感的交互、在美的体验中的统一，是作者与读者跨越历史地理的时空统一，这三者构成诗歌欣赏所应遵循的基本原则，也是维系诗歌欣赏的基本维度。

诗歌的欣赏，本身就是一种结合多种因素的综合的美学感知和体验过程，也就是欣赏者享受美的过程。美是自由的表象，美是思想和精神获得自由和奔放的外在体现，它是以感受者的精神自由和情感放松为基本条件的。针对诗歌欣赏来说，它展现了丰富多彩的具体体验过程。这也就是诗歌欣赏的多元的根本原因之所在。

（三）

如何欣赏诗歌，人们欣赏诗歌应该秉持何种具体的原则，或者说，把玩诗歌的要旨在哪里，这是人们历来所关心的重要课题，也历来有人对此有非常多的阐述和解释，尤其某些自誉为饱学之士，以携着被某些有大权者的溺宠之余威，以独步于诗歌的赏析为圭臬，似乎要给诗歌欣赏做标准化的规范，更有甚者，抱着所谓的什么宝书不放，而以英译之类的名目做护身符，终于成就一番事功，进入“先贤祀”享受冷猪肉。

诗歌的欣赏，虽然是一种综合的过程，但更多地体现在个体的独到的情感体验和享受，其他的人不必代为指引，更不能越俎代庖，强加什么具体的指导之类的。

在具体的诗歌欣赏过程中，要重视个体的实际感受，欣赏过程，实际上也是一个学习的过程、体会的过程和联想的过程。在这个过程中，它所具有的特性可归纳为：

1．欣赏的方法和途径不必单一

诗歌的欣赏的方法不必单一，也就是在具体的诗歌欣赏实践中，不必拘泥于某种单一的形式。在具体选择诗歌的方式上可以多样，未必一定要先欣赏某一位诗人的，或欣赏某一个时期的诗词之类的。也就是既可以从欣赏李白的诗歌开始，也可以从欣赏杜甫的诗歌开始，更可以从欣赏其他某一个朝代的某一位知名还是不知名的诗人开始，或者随意地找一首诗来欣赏，都是没有问题的。在具体欣赏过程中，觉得好反复吟咏，觉得不好，立马丢开，也是没有问题的。具体的欣赏过程中，既可以作研究分析用，把诗歌的产生的时代背景、作者的当时的状况和社会环境，作诗所要表达的意境等详加分析，并由此来领会该诗作的意义和所要表达的思想内涵等，也可以全然不顾这些，只是欣赏该诗作的意境，以及由此带给自己的情感体验等。总之一句话，对欣赏诗歌来说，觉得怎样合乎自己，就这样来，不必因寻找所谓的欣赏方法而弄坏了好心情。为了说明这个观点，这里给出几种具体的方案，这些都是专家们的经验之谈，但不难看出，正所谓“大道多歧”，它们之间并不相一致。先说金克木先生的观点，他认为欣赏诗歌的途径为：第一步读《古诗十九首》；第二步读阮籍的《咏怀》，共有八十二首；第三步，读曾国藩的《十八家诗钞》中的内容，所读内容多了，就自然理解和欣赏到诗歌的精妙了。再说张中行先生的观点，他认为欣赏或学习诗歌也分三步走，以欣赏唐代的诗歌为例，第一步是先读《唐诗三百首》，或《唐诗别才集》《唐诗选》之类的选集，然后根据所喜欢的，找所喜欢的作家的选集来读，这是第二步；到第三步就找全集读，这样根据所喜欢的，从点到面，由浅显到深入。他认为这种方法有普遍性，对于欣赏宋代的诗人的诗作也可适用，其他时代的也可以，可以不一而足，但有一点，就是先看选本做试探，相当于一种智能扫描，抓到切入点；其二是逐步深入，也就是一种一定程度上的加工处理，从一点向全面推进，第三步就是全面深入。它就是一个具体的智能处理过程。在这个过程中，如何实现逐步的深入，一种可行的方法就是读诗话，诗话是欧阳修的首创，估计他那个时代，承唐代诗歌繁华的余风，读了很多唐诗，有感而发，就写成了一个个的诗话，这就是著名的《六一诗话》。因此什么诗话、词话（如王国维先生的《人间词话》）成了一种欣赏诗词的辅助材料。除了这些，现在还有大部头的赏析辞典，如周汝昌先生等编写的，这些虽太过啰嗦，往往有强人之解，但作为辅助材料,也不失为增加相关知识的一种具体途径。从这两种观点可以看出，它们之间是互有差异的。除此外，还有人提出来，可以借用《红楼梦》中林黛玉的观点（实际上就是曹雪芹的观点）:“你应当读王摩诘、杜甫、李白跟陶渊明的诗。每一家读几十首，或是一两百首。得了了解以后，就会懂得作诗了。”这虽然是针对如何作诗的，但前提还是需要欣赏，它给出了另一条路，曹雪芹可能受到王士祯（王渔洋）的影响，认为王维、杜甫和李白代表了诗歌中的释家、儒家和道家，而这三家的东西弄熟了,就可以理解诗歌中的三味,进而可以写诗了。这当然是皮相之说,认为人生的历练、学问的范围,仅局限于这儒、释、道之内，诗歌的欣赏和创作也仅在这里面翻筋斗而已。

2. 欣赏体验可以互异

诗歌的欣赏虽有共通的东西，但还是受欣赏者的个体具体条件所限制。一般说来，个体的条件不同，所对应的具体欣赏的程度也不尽相同，有的是诗歌的本来意境上的欣赏，有的是它内在深层的意境的挖掘，除了这些内在意蕴下的体验外，还可有具体的外在联想等的体验；这些同样是可以各不相同的。这可从下面的例子来说明：

例 1，唐代的卢纶有几首著名的《塞下曲》，其中之一是：

林暗草惊风，将军夜引弓。
平明寻白羽，没在石棱中。

一般的理解，将军巡夜之时，在昏暗处，隐隐约约感受到有草在动，就研判为可能有敌人，奋力射箭，以至于箭镞深埋在石棱中。通过这样的描写，来反映出将军的负责、机警、神勇等特质。尤其是“夜引弓”来突出巡夜守边，所以当“草惊风”时，就怀疑可能有敌人。但当欣赏者若熟悉《史记》中的《李将军列传》，就很自然地联想起“广出猎，见草中石，意为虎而射之。中石没镞，视之石也。因复更射之，终不能复入石矣。”的话，从而有另外的体会，把“草惊风”等看成是射老虎，李将军也只是巡猎而已，这样就很难看出将军的负责、勤勉，机警和神勇了。

这就是欣赏的具体体验不同。

例 2，历来写梅花的很多，词如宋代陆游的《卜算子・咏梅》。

驿外断桥边，寂寞开无主。
已是黄昏独自愁，更著风和雨。
无意苦争春，一任群芳妒。
零落成泥碾作尘，只有香如故。

诗歌如王安石的《梅花》：

墙角数枝梅，凌寒独自开。
遥知不是雪，为有暗香来。

宋代林甫的《山园小梅》：

众芳摇落独暄妍，占尽风情向小园。
疏影横斜水清浅，暗香浮动月黄昏。
霜禽欲下先偷眼，粉蝶如知合断魂。

幸有微吟可相狎，不须檀板共金樽。

唐代崔道融的《梅花》：

数萼初含雪，孤标画本难。
香中别有韵，清极不知寒。
横笛和愁听，斜枝倚病看。
朔风如解意，容易莫摧残。

元代王冕的《墨梅》：

我家洗砚池边树，朵朵花开淡墨痕。
不要人夸好颜色，只留清气满乾坤。

卢梅坡的《雪梅》：

梅雪争春未肯降，骚人搁笔费评章。
梅须逊雪三分白，雪却输梅一段香。

杜耒《寒夜》：

寒夜客来茶当酒，竹炉汤沸火初红。
寻常一样窗前月，才有梅花便不同。

宋代陈亮的：

一朵忽先变，百花皆后香。欲传春信息，不怕雪埋藏。

明代高启的《梅花》九首：

其一：

琼姿只合在瑶台，谁向江南处处栽。
雪满山中高士卧，月明林下美人来。
寒依疏影萧萧竹，春掩残香漠漠苔。
自去何郎无好咏，东风愁寂几回开？

其二：

缟袂相逢半是仙，平生水竹有深缘。
将疏尚密微经雨，似暗还明远在烟。

薄暝山家松树下，嫩寒江店杏花前。
秦人若解当时种，不引渔郎入洞天。

其三：

翠羽惊飞别树头，冷香狼籍倩谁收。
骑驴客醉风吹帽，放鹤人归雪满舟。
淡月微云皆似梦，空山流水独成愁。
几看孤影低徊处，只道花神夜出游。

其四：

淡淡霜华湿粉痕，谁施绡帐护春温。
诗随十里寻春路，愁在三更挂月村。
飞去只忧云作伴，销来肯信玉为魂。
一尊欲访罗浮客，落叶空山正掩门。

其五：

云雾为屏雪作宫，尘埃无路可能通。
春风未动枝先觉，夜月初来树欲空。
翠袖佳人依竹下，白衣宰相在山中。
寂寥此地君休怨，回首名园尽棘丛。

其六：

梦断扬州阁掩尘，幽期犹自属诗人。
立残孤影长过夜，看到余芳不是春。
云暖空山裁玉遍，月寒深浦泣珠频。
掀篷图里当时见，错爱横斜却未真。

其七：

独开无那只依依，肯为愁多减玉辉？
廉外钟来月初上，灯前角断忽霜飞。
行人水驿春全早，啼鸟山塘晚半稀。

愧我素衣今已化，相逢远自洛阳归。

其八：

最爱寒多最得阳，仙游长在白云乡。
春愁寂寞天应老，夜色朦胧月亦香。
楚客不吟江路寂，吴王已醉苑台荒。
枝头谁见花惊处？袅袅微风簌簌霜。

其九：

断魂只有月明知，无限春愁在一枝。
不共人言唯独笑，忽疑君到正相思。
歌残别院烧灯夜，妆罢深宫览镜时。
旧梦已随流水远，山窗聊复伴题诗。

以及受林甫、高启等的影响，张问陶也写了八首咏梅花的诗：

其一：

一林随意卧烟霞，为汝名高酒易赊。
自誓冬心甘冷落，漫怜疏影太横斜。
得天气足春无用，出世情多鬓未华。
老死空山人不见，也应强似洛阳花。

其二：

野鹤闲云寄此生，暗香真到十分清。
转怜桃李无颜色，独抱冰霜有性情。
赠我诗难应束手，笑他人俗也知名。
开迟才觉春风暖，先听流莺第一声。

其三：

花中资格本迟迟，铁石心肠淡可知。
此时何人能领略，伪军终夜费相思。
看来风雪无多日，香到园林第几枝。

自是不开开便好，清高从未合时宜。

其四：

梦绕寒山月下村，一枝相对夜开樽。
繁华味短宜中酒，攀折人多好比门。
风信严时清有骨，尘缘空后淡无痕。
从来不识司香尉，只仗东皇雨露恩。

其五：

铜瓶纸帐老因缘，乱我乡愁又几年。
莫笑人情如静女，须知风骨是飞仙。
生来逸气应无敌，悟到真空信可怜。
世外清名原第一，不修花史亦流传。

其六：

回首山林感旧踪，雪花吹影一重重。
记从驿使春前折，又向瑶台月下逢。
对客岂无能舞鹤，赏心还是后凋松。
天人装束天然好，便买胭脂画不浓。

其七：

香雪濛濛月影团，抱琴深夜向谁弹。
闲中立品无人觉，淡处逢时自古难。
到死还能留气韵，有情何忍笑酸寒。
天生不合寻常格，莫与春花一例看。

其八：

腊尾春头放几枝，风霜雨露总无私。
美人译世应如此，明月前身未可知。
照影别开清净相，传神难得性灵诗。
万花何苦争先后，独自能香亦有时。

等等。

这些关于梅花的不同诗歌，它们设喻和表达各异。有的用对比手法，如把梅花与白雪进行比较；有的用比拟，把梅花比作孤傲清高的君子，风流自赏的高人、隐士，也有的把它比作翠袖佳人、白衣宰相；有的写梅花的色，有的写梅花的形，有的写它的香，当然还有如陆游和陈亮等用梅花来激励自己的品性和乐于奉献的精神等。所有这些，从多方面提供了对梅花的欣赏的素材，为赏诗者提供多方面的赏诗体验。除了针对梅花的欣赏外，还可由此延伸开来，进行具体的联想，如高启关于梅花的诗中的第一首中的两句“雪满山中高士卧，月明林下美人来”有人就联想到《红楼梦》中的“十二金钗曲子”中的“空对着山中高士晶莹雪，终不忘世外仙姝寂寞林”，似乎明白了为什么黛玉姓林，而宝钗姓薛（雪）了。这当然是一种外在的联想式的体验。说到这里，还加几句题外话，林黛玉之所以姓林，还因为要突出他父亲林如海的“飞红万点愁如海”，这可从秦观的词中找到：“水边沙外，城郭春寒退。花影乱，莺声碎。飘零疏酒盏，离别宽衣带。人不见，碧云暮合空相对。——忆昔西池会，鹓鹭同飞盖。携手处，今谁在？日边清梦断，镜里朱颜改。春去也，飞红万点愁如海。”这寂寞林家的“春去也”，所以有道不尽的凄凉，说不完的暗淡，愁如海就很自然地成了“林如海”。这些似乎也可归纳到诗歌欣赏中的外延联想，它们打通了文学样式之间的款曲，实现彼此之间的互相影响和借鉴。

此外，还可针对某一个具体的场景进行比较欣赏，也就是在不同的诗歌中，都出现同一个具体的“字或词或指代的物件和所描写的时空”。通过对它的把玩理解，进而获得具体的欣赏体验，这也可通过举一个例子加以说明，如“夜晚”，这里选几个有夜晚的诗词加以分析比较：

张继的《枫桥夜泊》：

月落乌啼霜满天，江枫渔火对愁眠。

姑苏城外寒山寺，夜半钟声到客船。

白居易的《夜雨》：

早蛩啼复歇，残灯灭又明。

隔窗知夜雨，芭蕉先有声。

杜牧的《寄扬州韩绰判官》中的：

二十四桥明月夜，玉人何处教吹箫。

李煜的《虞美人》中的：

春花秋月何时了，往事知多少？小楼昨夜又东风，故国不堪月明中……

显然，他们在夜晚中的感受是各不相同的，张继是旅舟苦寂，白居易则是宿店孤独，杜牧是风流陶醉，而李煜是亡国感伤。

这种方式的诗歌欣赏，不仅可用在传统的诗词中，同样还可用在外国文学的诗词欣赏中。这方面，英国的 Richards 在《Principles of Literary Criticism》也有具体的论述。可见，虽然文学式样的语言不同，但彼此之间还是有很多相通的地方。

随着对诗歌的体验的不同，相应的对诗歌作者的认知也会差异。反过来，对诗歌作者的喜欢程度的差异，也相应影响着对具体诗歌欣赏的差异。如很多人喜欢杜甫，认为他是诗圣、写实派的大师，把儒家的质朴、平实等写了出来，更因为他并不得志、一生穷困，以至于把一种悲天悯人的情怀表现得淋漓尽致。但也有人并不喜欢杜甫，认为他的诗歌雕琢拼凑痕迹明显，不自然。这可从他们诗歌中找到例证，如杜甫的绝句："窗含西岭千秋雪，门泊东吴万里船"就有明显的强作拼凑的痕迹，又如"无边落木萧萧下，不尽长江滚滚来"同样拼凑痕迹鲜明，且气韵呆板而滞，相比较于李白写长江的"孤帆远影碧空尽，惟见长江天际流"，那李白的气韵自然流动，显得浑然天成，确实是高低立马可判的。又如李白的“桃花流水窅然去，别有天地非人间”是多么的流畅而自然，让人有一种发自内在的喜悦和通透的享受。

但是，还需看到，对于产量众多的作者来说，一首诗或几首诗不足以代表或囊括他的所有才能和特征，有些诗歌可能A作者写得好，有些诗歌则可能是B作者写得好。所以，不能以偏概全，诗歌的写作除了遣字造句等运用外，还涉及诸如环境的选取、意境的营造、气氛的渲染，以及主题的确立等多个方面。所以在欣赏的时候，要遵循“诗无达诂”的准则。

3．欣赏的侧重点可以不同

诗歌是综合的，所对应的具体欣赏的侧重点也可各不相同。作为历史和文学的资料，诗歌包含了很多具体而微的信息。因为写作者是具体的、历史上的人，而且很多是在当时具有重要作用的人物，对历史事件和进程都起到过重要的作用，他们的诗作当然能反映相应的历史事件，具有史料的价值。所以有人欣赏诗词作为读史的补充，这也未尚不可。此外，诗歌还反映了诗歌创作者之间的互相关系。实际上有很多诗歌是互相唱和的，有些是互相启承的，所以通过具体的阅读，可以了解一些诗歌本身以外的信息，这些也无可厚非。此外，根据自己的专业知识，还阅读相关诗词，从而获得知识点上的共鸣，如竺可桢先生，他本身是气候学家，所以他阅读诗词时，能欣赏到诗词中关于气候、物候等的内容。由此作为欣赏的切入点，更作为物候学研究的重要资料收集，他从“花如解语应多事，石不能言最可人”中获得资料和欣赏等。所以侧重点不同的欣赏方法，不仅可以存在，而且在某种意义上应该提倡。唯有这样，才可丰富具体的内容，还可为出现卓然的独到见解提供存在的可能。

例如，唐代杜牧的《清明》：

清明时节雨纷纷，路上行人欲断魂。
借问酒家何处有，牧童遥指杏花村。

杜牧的这首诗是千古绝唱，每每读到《清明》，就让人感到天气多雨而旅途凄寂。大意是：在清明时节雨下个不停，赶路的人因天老下雨，致使心中有说不出的苦楚，在路边忍不住问何处有可以沽酒歇脚的酒家，牧童指着手说，在远处的杏花村，就有酒家可歇脚。

这首诗引起广泛的关注，也被改成各式的词句，改之一：清明时节雨，纷纷路上行人，欲断魂，借问酒家何处有？牧童遥指，杏花村。改后，其意与原诗句大致相同。也可改成意思相差非常远的词句，如：清明时节雨，纷纷路上行人，欲断魂，借问酒家，何处有牧童？遥指杏花村。这里的牧童，可能就是为行人背行李的雇工。

除此外，有人很在意"杏花村"的具体方位所在。有人说它在山西，但据《寰域记》所载，杏花村应在金陵城南的凤凰台下，在那里早已题刻了"杜牧之沽酒处"的大字，似乎把杏花村的地方具体考证确实了，且又有人对它进行具体题诗，如：

江南春雨梦无痕，沽酒旗亭白下门。
一自樊川题句后，至今人说杏花村。

诗中的樊川，就是指杜牧，因为杜牧的字就叫"樊川"。

因为杜牧的这首诗实在太著名了，有人根据诗句编写了一个京剧小戏《小放牛》。它不仅把诗歌进行戏曲化，更进行山歌化的再创作，形成了富有生活气息的活泼小剧，同样被人们所称道。

所以，诗、词、赋、剧曲等不同形式的文学表现手法，它们之间是可以互相影响，互相转换的。另一个著名的例子就是程砚秋先生的《春闺梦》，这完全是根据"可怜无定河边骨，曾是春闺梦中人"

的诗句来编写的;还有,根据曹植的《洛神赋》,梅兰芳编了《洛神》,这也是一个著名的例子。

与清明节气相关的，还有寒食节，据说这是为纪念春秋时代的介之推的。他曾经跟随晋文公流亡十九年，帮助晋文公获得王位，功成后就身退，在深山中隐居了起来。晋文公为了让他回归朝廷，最终以烧山的方式逼他出山，而他竟抱树身亡。后来为了纪念他，在清明节气的前后，人们不生火烧饭，仅仅吃冷食以充饥。

清明节气过后，春天就进入了暮春的尾声，也有很多诗句用来描述暮春的，如曹豳（bīn）的《春暮》：

门外无人问落花，绿阴冉冉遍天涯。

林莺啼到无声处，青草池塘独听蛙。

又如宋代王令的《送春》：

三月残花落更开，小檐日日燕飞来。

子规夜半犹啼血，不信东风唤不回。

燕子是候鸟，到暮春的时候，回到了南方，在家家户户的屋檐及堂前飞舞作巢，就具有物候学的意义。而子规夜半还声声啼叫，想把春的气息唤回转来，但，过去的就不再回来，这是没有办法的事情了，因此子规的啼声让人有一种悲凉的人力难胜天意的无奈。

针对这首诗，这里列举了多个具体的情况，到每一个具体的部分，都是相应的欣赏，所以，相应的内容是很丰富的。除此外，对应于杜牧，有人想到了他的身世，想到同时代的其他诗人等，相关的内容将更丰富。这也体现了诗歌欣赏的多样性倾向。

总结起来说，诗歌的欣赏，除了字面上的意境、境界等方面的体验感悟，还涉及字面背后的相关内容。尤其有些作者，身为朝廷的重臣，把君臣关系比作男女关系，所以看似婉约的诗词，实际上深层有很多难以言说的苦衷，需要读者知微识著，体察其中的“言外之意”。此外，诗歌的欣赏，还涉及具体的对联句的欣赏，对它们的欣赏也应该持与诗歌欣赏相同的观点，要体现因人而异，可以互不相同。同样举一个《红楼梦》中的例子，陆游的一对联句：重帘不卷留香久，古砚微凹聚墨多。可见这里虽没有说到具体的人，但一定有一位在书房中勤于学习的人物，通过对书房中卷帘和古砚的具体描写，来突出书房主人的勤勉好学的特性。但是《红楼梦》中的林黛玉不喜欢这联句,认为“这种诗千万不能学,学作这样的诗,你就不会作诗了。”显然，林黛玉是薄苦读求功名这一路的，她对整日坐在书房中用功死读书之类的多有鄙夷，所以连带对这样的联句也心生恶感。这当然也是曹雪芹在功名前毫无建树，转而借林黛玉之口，说出这样的话的。了解了这一点，不仅明白了作者的意图，而且还可了解为什么是林黛玉，而不是薛宝钗说这样的话的原因了。但有的人不明其理，把这些话拿来作为谈诗歌欣赏的理论依据而大加发挥，认为林黛玉的诗识就是高，进而说了很多诸如“特殊的情趣和意境”等的话，以此来标榜自己是林黛玉的知音，或是曹雪芹的知音，更把林黛玉（实际上就是曹雪芹）所推崇的王维搬出来,认为王摩诘是诗佛,并举他的联句:“雨中山果落，灯下草虫鸣”为例，认为王维的诗境非常高妙，显然是不得要领。就以王维的这联句来说，它是写秋雨之夜的山中气息，虽有一股子的野气、野趣，但这佛家的寂灭为乐是否是人人喜爱，也是未必，欣赏者完全有理由不喜欢这样的联句。所以两相比较，一定要比出个高低来，似乎也是非常不确当的。

最后，我们若把诗歌的创作比作产品的生产，而欣赏诗歌比作具体的产品消费，那么它们之间应该满足马克思在《政治经济学批判》中的结论。也就是，对产品的生产来说，是各尽所能，而对于消费来说，则是各取所需。因此，诗歌欣赏并无定法，只是不同的欣赏者各取所需罢了。

三、基于聚类（Clustering）和分类（Classification）方法的诗词欣赏分析

诗歌欣赏的具体方法，涉及方法论的范畴，这里给出一种基于信息处理方法的欣赏方法。实际上，把历来的诗歌看成一个集合，那么对它进行适当的梳理分类等处理，就成为一种基础性的工作，进而成为不同方式的诗歌欣赏的一种理论依据。实际上，传统的诗歌欣赏也是遵循一定的分类标准的，如所选的某些作者的选集、全集，或《全唐诗》之类的，前两者是以具体的作者的不同作为分类标准的，而后者则是以“时代”（时间）为具体的分类标准的，除了这种传统的分类以外，实际上还可以做基于其他标准的分类，或做更精细的分类，这些对于具体的欣赏也十分有帮助，尤其对那些基于具体专题研究来说，它们尤其重要。

一种是依据诗歌所涉及的具体内容进行分类，这里既可以分得较粗，也可分得比较细，如对历代的田园诗作为分类的标准，有关的田园诗都集中一类，成为相关专题的研究欣赏的对象。此外，根据诗歌所描述的具体场景或物件，也可进行分类，如对描写春天的诗歌进行归类，各个时代的不同诗人的诗歌就可归纳成一类，加以具体欣赏。此外，还可以某一个历史事件为主轴，把不同诗人所描写的诗歌进行归类，进而通过对所确定的类的诗歌进行比较分析研究，以获得有用的信息，进而具体还原、考证相关细节。如以唐代的“安史之乱”事件作为分类的标准，同时代的经历安史之乱的诗

人描写该事件的诗歌进行汇集聚类，这样获得该事件的具体详尽的诗歌资料，为进一步的分析等打好基础等。因此，借用信息处理中的分类器的方式，对诗歌等进行基于具体分类分析，进而获得相应的专题，并对它们基于多种组合的分析，进而可达到有价值的结论，整个过程可以用图 2-3 的方式加以表示。

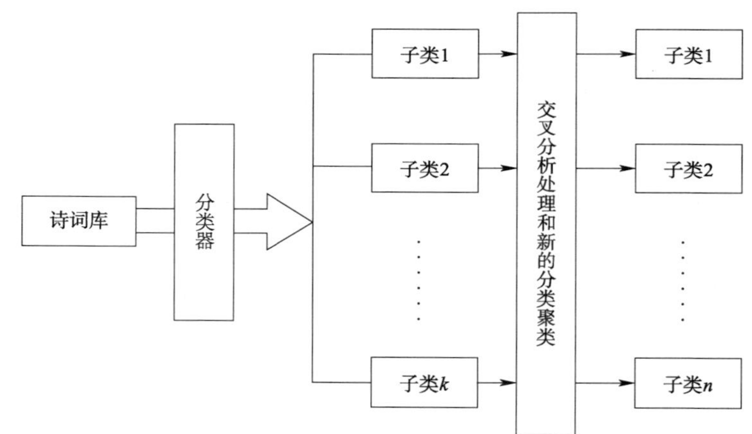

图 2-3 基于信息分类处理方式的诗歌欣赏处理

这里，子类的种类可以不同，既可以根据分类器的分类(classification)要求进行处理，也可进行必要的聚类(clustering)分析，进而形成欣赏的专题，成为一种新颖的欣赏方法。这可以举一个例子。如上面的例 2，以梅花为分类标准的，相应的诗歌都是以梅花为具体的内容的。此外，若以桃花为具体的标准，那么，可把历代题咏桃花的诗歌进行归类，诸如苏东坡的“竹外桃花三两枝，春江水暖鸭先知。蒌高满地芦芽短，正是河豚欲上时。”白居易的“人间四月芳菲尽，山寺桃花始盛开。长恨春归无觅处，不知转入此中来。”黄庭坚的“佳节清明桃李笑，野田荒冢只生愁。雷惊天地龙蛇蛰，雨足郊原草木柔。人乞祭余骄妾妇，士甘焚死不公侯。贤愚千载知谁是，满眼蓬蒿共一丘。”以及吴涛的“游子春衫已试单，桃花飞尽野梅酸。怪来一夜蛙声歇，又作东风十日寒。”等都可归入一类，并加以欣赏。进一步，把各种题咏具体花卉的诗歌加以聚类，可形成大类，进而提供更丰富的欣赏内容。

此外，对诗歌的欣赏的很多具体的方式，也可用在诸如对国画、音乐的欣赏等方面，它们也有很多相通的地方。有关对于绘画、音乐欣赏等的论述，在这里不具体展开了，仅附录一篇相关的论文作为具体的说明。

附录　黄宾虹先生绘画成就成因之浅析

黄宾虹（1865 — 1955 年）先生是著名的现代国画大师，国画理论研究集大成者，同时是一位卓越的绘画教育家。他一生成就卓著，成为绘画史上的一座高峰，有关他的艺术特色和艺术成就，早已有专门的研究者予以研究分析，如傅雷先生在三十年代就较系统地研究了黄先生的绘画艺术。但还很少有涉及研究黄先生获得这么高的成就的原因，本文试着分析黄宾虹先生艺术成就的原因，进而分析探讨“匠”与“师”之间的区别，提出了一些粗浅的见解，以此抛砖引玉，请教于专家学者，旨在呼吁大家关注黄宾虹艺术成因的研究。

在艺术上有这样的三句话，“上法自然，中法心源，下法传统。”黄先生则是融会贯通地“师法”这三者，并且到了自然和心源的高度统一的艺术境界，正真达到了天人合一的程度，用道家的话说，就是“得道”，这与道家强调的“道法自然”是完全相一致的。黄宾虹先生胸有丘壑，他能敏锐地感悟自然的变化，尤其是山川的四时变化，把这种自然造化的精华“悟”于心“觉”于情，再把这种自然的变化倾注于笔端，把它升华成艺术品，定格在他的笔下，表达出他的志趣、理想和修养。他的绘画中所表达的不是如同照相机拍出的照片，仅是被动地记录所画的客体，即所谓的“见山即山”的层面，而是加进了他的志趣、学识、修持、情操等等的主观的东西，通过绘画表达他的见解和修养，达到“见山又是山”的层面。许多论者都认为，黄宾虹先生的绘画有苍润感，这固然有他技法老到的技术层面的因素，但更重要的是他要表达江山万年，自然永恒的一种精神志趣，因此用苍润来表达他对于自然山川的一种感悟，是恰如其分的。黄宾虹先生在绘画艺术上达到如此高的水准，究其原因，我们认为，首先需要一种很好的文化铺垫，要有很好的学理和学养的积累，也就是有很好的童子功。其二他有很高的“悟”和“觉”，尤其是敏感的直觉，也就是很高的灵敏度，人与仪器一样，如果有很好的感悟和理解力，就能察觉细微的变化，同时更能表达细微的变化,在艺术上,同样的,在科学上,“悟”和“觉”是非常重要的,“悟”是比较感性的东西，它通过表象，悟到深层的、细微的东西或变化，并在作者内心产生共鸣，引起一种独特的体验；“觉”则是到了较理性的层面，把“悟”到的转化为一种内在的东西，或者说转化为画者所要表达的意境层面上的东西，“悟”与“觉”是相辅相成的，对于黄宾虹先生，我们可以这么来说，黄先生对于自然山川有很高的悟性，他如同一个性能特别优越的接收自然山川信息的接收器，同时他有很好的“觉”，这就犹如性能非常优越的信号处理器，把接收到的自然山川的信息，通过处理，得到其中的精髓，并融汇在作者的心中，再用绘画表达出这自然山川的精义，达到非常高的艺术境界。第三要有丰富的人生经历和独特的人生际遇，要有浩然之气，甚至要有几分侠气，黄宾虹先生的历练和侠义肝胆，足可以说明问题。黄宾虹先生一生艺术追求的经历，能很好地说明他确实是具有上面所述的三方面的条件。黄宾虹先生积几十年的学养，从少年开始学画于义乌人陈春帆，然后力攻山水，宗新安派，效法宋元，在这基础上，努力丰富自己的“阅”和“历”，游览名山大川，写生作画，屡经变革；同时探索和研究画论、画史，比较吸收前人的成果，把他们的理论和方法融入自己的绘画实践之中，推陈出新的同时，更是扬长避短，通过不断的积累和深化，终于形成自己的风格，意义非常深远。所以，我们认为黄宾虹先生绘画艺术的主要原因是在于他综合发展自己，不断开拓视野，提炼总结和完善自己的学养和修养，从绘画的意境或立意开始，达到人与自然的和谐统一；通过绘画表达了自己的志存高远，情逸山川自然的艺术境界，把山水绘画推到了新的艺术高峰。

有感于黄宾虹先生的绘画艺术，我们想谈谈“匠”与“师”之间的关系，黄宾虹先生是艺术大师，中国山水画的集大成者，显而易见，他不是“匠”。之所以他不是匠，是因为他的绘画不仅在技法上独到，更重要的是立意和构思等的独到，纵贯黄宾虹先生历七八十年的绘画实践，他不是仅感兴趣于具体的技法，他不囿于一点地研究绘画的运笔和其他什么工艺性等方面的东西，而是通贯全局，把技法的表现服务于艺术的主旨，因为艺术的需要，拓展具体的绘画技法，最典型的是他用新的墨法，以“明一而现万千”的表现手法，写出浑厚华滋，意境幽深的山川神貌，就是有时所用的在浓焦墨中兼施重彩的手法，也使他的绘画斑斓古艳，别有会心。而对于“匠”来说，他们往往只重一种具体的技巧的运用，关注于其技之工之巧的程度，而缺少整体和全局的包含“立意”“言志”等内在的东西，他们的作品，乍一看，美轮美奂，但“形”的东西和单纯“色”的东西多于内在的东西，往往给人以“浅”的感觉，只能是一种精品，但不会是神品或是进入化境的上品。所以，对于匠来说，他们注重技巧的同时，往往不注重整体的、内在的修养，学养等的提高。从黄宾虹先生的绘画志趣和绘画实践中，不难发现，“师”与“匠”的区别是非常之大的。

（发表于《黄山日报》2005 年 3 月 25 日）

四、诗词欣赏举偶

教诗明志也好，作诗言志也罢，都涉及对诗词的理解和鉴赏，因为唯有如此，才能把诗所蕴含的意义等得以表达、传递，并得到回应。在这个完整的体系中实现“教诗”和“作诗”的功能。所以，在整个以诗词为载体，进行意义的表达和情感传递的过程中，诗词欣赏是非常重要的一环。在各种不同的诗词欣赏方式中，有一种很重要的方式就是阅读诗话。历代的学者，大凡自认为对诗词有所心得的，大多通过写诗话和词话的方式，把自己的心得体会记录下来，这些心得体会有基于对诗词的直接的理解和领悟的，也有涉及诗词作者的创作背景和具体的时代特征，也有涉及具体的文学评论和美学观点的阐述等，所以是非常综合的，它已经成为诗词欣赏中的一个重要的中介，更成为具体的文化传承中的一个传统，可被看成是文艺理论论述的一种有效样式。

为对诗词欣赏的相关论述作进一步的阐述和说明，特意选了一些具体的诗词作为材料，加以具体分析。对诗词的具体选择，大致遵循如下的一些基本要求，它们分别为：一是上口好读，具有语言的音节之美，以突出诗词在“音”方面的特性；二是富有情趣和生活气息且能以小见大有哲理，更把那些格调高的咏志之作作为重要的选择对象。在具体分析所选的诗词时，尽可能地挖掘内在的意蕴，并力求阐述新意，使之成为一家之言的同时，也注重相关知识的拓展，并对它们所蕴含的美学意蕴有所阐述，以突出它们在表象之外的深刻内涵，这似乎也可被看成是“教诗明志”的一种具体体现。

此外，在所选的材料中，涉及词的不多，约占总数的四分之一。但在论述过程中，不仅辨析了有关不同的观点，而且尽量做到特性鲜明，尤其不同于如沈祖棻在《宋词赏析》里的那样，把词中的句子看作是其他前代或同时代的其他人的诗词等中的引用的做法。之所以这样做,因为持有这样的基本观点:无论是“创调”还是“创意”，都是词的创作，对它的赏析，应该站在这阙词本身及词作者的立场来具体进行。辨析者哪怕是再高明，但总是辨析者，总不应替词的作者来构思创作吧。

(一)

滁州西涧

唐·韦应物

独怜幽草涧边生，上有黄鹂深树鸣。

春潮带雨晚来急，野渡无人舟自横。

韦应物的这首诗，把滁州西边的水涧的景物描写了出来。西边的水涧边有幽草，还有大片的树林，以及树上的黄鹂鸟。除了这些，西涧上还有一个摆渡，它们成为西涧景色图画中的物件，勾画出偏远、幽静的特色，为整首诗打下了忧郁的基调。

作者描写景物时，用的是“无我”的手法，也就是在整个画面中并没有出现作者，而是以观赏者的角度来描写景物，同时带有作者的感情的倾向，对于涧边的幽草，用了“独怜”，也就是幽草的环境恶劣和境况不佳，引起了作者的悲悯之感，而黄鹂在茂密的林间鸣叫，更是知音难觅，也是一腔幽怨，这些很容易被联想到作者的现实处境与理想抱负之间的落差。这两句所写的是相对静的和常态性的。接下来，作者着重写动态的和急迫的，那就是春潮和春雨，它们之间互相关联，互为因果，是春雨加重了春潮的泛滥和来势汹汹，反过来是春潮突出了春雨的磅礴气势。作者特意用了“急”字来形容它们，把这种被自然界中的春雨和春潮所裹挟而徒感压抑、无措和急促的感情渲染了出来。接下来，作者笔锋一转，着手描写西涧上的摆渡，在来势凶猛的春雨春潮中，摆渡的小舟自顾自地横在渡口，它表现出来的从容和淡定，与春雨春潮形成了强烈的对比。

这样，整首诗把具有强烈对比的情景进行了融合，从中突出了动和静，狂暴和静定的对立统一。若把外在的环境看成狂暴，那么野渡舟自横式的淡定就是内心的一种宁静。它成了不受外在影响的要素，成为举重若轻，淡然应对的一种具体态度和方式。

所以，这首诗至少包含了两组的对立因素，除了上面所述的一对外，还有一对是幽草与黄鹂，它们也是一动一静的。

还需指出，在诗中虽然没有直接提到作者，所描写的景致是“无我”的。但实际上，它是通过作者的所见、所听、所感来描写的，“独怜”是作者的怜悯惋惜，而黄鹂的鸣叫也是由作者听到，春潮、春雨的态势以及野渡的小舟的状态，都是作者所见。在这里，作者如同一位景色的介绍者，为我们勾勒了在滁州西涧的春天景色。

所以，这首诗把小草的幽静、树丛的茂密、黄鹂的鸣唱、春潮中的春雨的又猛又急和渡口中的渡船的闲定自如都写了出来，由此把一种空旷寂静渲染得森森然，更把自然界恶劣而暴孽的环境写了出来。但借着小舟怡然自横，从而写出了摆渡者从容镇静和自如，这依靠的是摆渡者的修持和内心的一份镇定。它既可看成是面对困难的一种态度，更可看成是人生的历练的一种境界，也就是用内心的有所依系所表达出来的镇定自如的状态来应对外界环境的诡异凶险，它具有引申和借喻之意，这一点是很重要的。

（二）

早春呈水部十八员外

唐·韩愈

天街小雨润如酥，草色遥看近却无。

最是一年春好处，绝胜烟柳满皇都。

这虽是一首写景之作，但通过写景也表达了作者的一种心境和状态，他用景的美来衬托心情的好和仕途的一片光明，所以有志得意满之感。

全诗通过描写雨中的街道和郊原的春草，由点及面，来展现京城早春的景色，并语带感情地得出这是京城中最好的春天景致。美不胜收的柳树成行成列，形成了氤氲的薄雾，在京城中到处都是。

作者的具体写法别具一格，一是由小见大，二是由近到远，三是由具体到概括，通过对景色的描写，也表达了自己的心境，甚至包含了一种祝愿。在写小雨和天街时，这是近处取景，窸窸窣窣的小雨充满了滋润，把本来晶莹剔透的天街妆点得温润酥柔。作者置身在天街上或是骑马溜达，或是乘轿观景，或是信步从容，迎着微微的春雨，且行且观赏，内心自有一番别样的感触。可能由城中的天街到了郊原，作者抬头望去，那一望无际的郊原，已经从冬的沉寂中慢慢苏醒，那泛着绿意的草色正透着春的气息。但走近郊原，在近距离地细看郊原上的青草，这若隐若现的草色似乎又见不到了。这正是题目所言的“早春气息”，让人感受到了即将破土而出的生命活力——它是积极的，是向上提升的，充满了一种希冀和期盼。结合作者在此时的事功和文学的状态，有很多的契合，所以内心就有了这是“最是一年春好处”的感慨，起到了总结写景，提升为写情的阶段，实现了由景到情的转化，最后就很自然地咏叹出了”绝胜烟柳满皇都”。这既是景的“绝胜”，更是一种心情的“绝胜”，也就是那早春让天街酥润的小雨，使得成行陈列的柳树摇曳着下垂的枝条，它们婀娜多姿，在薄雾氤氲中把整个京城妆扮得分外妖娆、让诗人有了美不胜收的感受。

对这首诗的理解和欣赏，一定要联系到此时作者的处境和对自己的一种期许，它虽是写景，但一定需要有诗人此时的情的衬托，这样可以对“草色遥看近且无”成为最好的春色的理解，一般说来，满眼翠绿，万紫千红的春色才是最美的，而在早春时分，若有若无的草色，怎么能成为最美的春色呢。但因为作者把此时的春色与自己的心境和仕途状态等作了联系，更突出它的进取性，所以从作者的视角来看，这样的理解是确当的。

除此外，对“绝胜烟柳满皇都”的理解，历来有人把它与上一句联系起来，认为此时的“春好处”完胜于“烟柳满皇都”的时节，认为“烟柳满皇都”是指暮春时分，作者取早春胜暮春之意，似乎这样解释也说得通，但它实际上是非常牵强的。究其原因，一是早春呈水部十八员外，重点是讲早春的京城的景色，若与暮春的景色作比较，需要有一个铺垫，没有铺垫，做无由头的比较，应该是很唐突的。其二，是对烟柳的理解，从唐诗中来看，烟柳主要指的是柳树，而不是特指已经有茂密的柳叶的暮春时节的柳树，因为柳树有茂密的柳叶的持续时间从暮春时节开始，还持续到整个夏天和初秋，所以特指暮春时节应该并不合适。而早春时节的柳树，也可在春雨的滋润下，万条垂下绿丝绦的枝条中薄雾氤氲，别有一番神韵。两相比较，这里的赏识应该更合理一些。

（三）

凉州词

唐 · 王翰

葡萄美酒夜光杯，欲饮琵琶马上催。

醉卧沙场君莫笑，古来征战几人回？

这是一首军旅之歌，表现了将士们豪迈的心志和奔放的热情，更有一种看似潇洒，而深层无助悲观的心情。将士们都在人生的最佳状态中，但因不知何时战死，以及对凯旋的无望，内心的悲壮、无助和无奈通过此时的狂欢来展现。所以看似表面的欢腾，实是深层的悲壮。在整首诗中，作者既在这欢腾的场景之中，又似在场景之外，把这个场景一一指点出来。

这首诗可作如下的意译：策身坐在马背上，手举着那斟满葡萄酿成的美酒的夜光杯，正要一饮而尽的时候，耳边响起了用琵琶弹奏的乐曲。那一阵阵激越的声音，如同行军打仗时的号令，催着大家尽情地多饮那一杯杯美酒。（我）纵情豪饮，从马背上翻身跌下，躺卧在沙场上沉沉地睡去了，请别笑话这样尽情欢饮美酒而醉倒在沙场之上呼呼大睡的“失态”和“放纵”，（你）可知道，自古以来，能有多少人征战以后得以平安凯旋啊。（趁着此刻的欢乐，让我尽兴地乐一会儿吧！）

正是豪迈之师，在战争的间隙，策马欢饮，直至失态醉卧在营地上。因为战争，征战之人有去无回，在此时此景，不妨一醉方休，享受一下快意人生吧。是豪迈，更是宿命的悲壮，人性中更有一种万般的无奈。所以要和平，不要战争，愿天下河清海晏，一片升平。

这首诗的语言风格很有特色，实际上，开头两句应该是：“葡萄美酒夜光杯欲饮，琵琶马上催”这样才对，这一句交代了具体的事情，也包含了事件发生的时间和地点。时间是在战争的间隙，地点在驻军的军营中的营地里，那里不是一般的宴请场面，而是在开阔的营地中，有人可能席地而坐，有人可能坐在马背上，有人站着，有人来回走动着……这些人的手上都拿着斟满美酒的夜光杯，也有的拿着葡萄。除此外，还有一些人手捧着琵琶正准备弹奏着来助酒兴。接下来采用自问自答的方式来说明这次的饮酒联欢，大家都非常尽兴，从而把中间如何饮酒、如何听琵琶曲、如何吃葡萄等的细节通过“醉卧沙场”的典型场景来间接的描述，起到了很好的概括效果。最后通过要求“君莫笑”来引出“古来征战几人回”的悲怆，把此时短暂的“乐”与最终恒久的“苦”和“悲”做了连接和深层的对比，把战争的“恶”做了最大限度的渲染，产生了极强的艺术效果。这是这首诗之所以脍炙人口的重要原因。

此外，这首诗具有战争史诗的意义，更具有鲜明的地域特点。它可以作为具体的佐证，来说明在王翰时期，我国的西域存在激烈的战争。同时，不仅可作为乐器琵琶起源于“胡”（西域）的证据，还可作为葡萄及葡萄酒等在唐代时已经盛产于该地的例证。再做一点牵强附会的说明，是否也间接地例证了在那地方出产诸如夜光杯这类的玉石器皿，这与现今的和田玉之类的似乎含有某种关系？值得作进一步深入的考证研究。

（四）

黄鹤楼送孟浩然之广陵

唐 · 李白

故人西辞黄鹤楼，烟花三月下扬州。

孤帆远影碧空尽，惟见长江天际流。

在烟花烂漫的三月时节,“我”的朋友在黄鹤楼边与“我”作别,乘着小舟要到扬州去了。“我”登临在黄鹤楼上远眺他所乘小舟的去影，那碧空下的小舟越来越远，以至于船上的风帆也消失在视野之中,“我”仅仅看到了那似白练般的长江之水向天际边流去。

这首诗具有完整的叙事情节，包含了叙事的所有要素：时间为烟花三月，地点在武昌的黄鹤楼边。事情是诗人的朋友要离开武昌乘船去扬州，诗人前去送行。作者通过写景的方式不仅很好地完成整个的叙事过程，同时也真切地表达自己的具体情感，这些情感至少包含两层意思，一是朋友之间的真挚友情，二是此时因朋友离去的孤独之感。在阳春三月的时节，朋友在长江边将要乘船到扬州去，诗人与他依依惜别，所以一直送他到乘船的码头，直到他坐上船。诗句中虽然没有做进一步的说明，但读者可以想象得到，他们之间的那种依依不舍和互道珍重的情形。接下来，朋友乘船顺江而下，作者则为了多看一眼载着朋友的这只船，登上黄鹤楼远眺，慢慢的船只由大变小，最后消失在诗人的视野之中，可见诗人远眺这只满载朋友情谊的船只的时间之久。这尚且不够，就是已经看不见船只了，诗人还痴痴地望着长江，任凭着如练的长江之水消失在天际边。这就很具体地表达诗人与朋友之间的深厚感情。接下来，作者通过站在黄鹤楼上对长江的远眺，把碧空、如练的长江水、孤帆等一一呈现出来，这三者构成了一个立体的具体的时空，突出了这时空的孤寂、宁静和旷远。这就很自然地烘托出了诗人送别友人时的深深冀盼和淡淡的失落，表达了作者落寞之情。

这首诗的气势广阔，不仅体现在具体的空间上，同时还体现在诗人的视野上，把旷远的气象很好地表达了出来。同时，它的字句的使用浑然天成，没有一点堆砌的痕迹,“孤帆”和“惟见”都是强调单一，用前者来说明长江上的船只稀少；而用后者来突出此时的江面的空旷。进一步，广阔的江面上的单独船只，它在视觉效果上就是孤独，而“惟见”是在孤帆消失在视野内之后，那么目力所及的就是没有任何船只的长江的江面，只有长江之水静静地东流去，江面如同白练一般，就很自然地表达了江面的空旷和寂静。而此时，诗人站在黄鹤楼上，长时间地凝视着它们，内心产生了落寞、空寂的情感波动，进而把它们付诸笔端，外化成了诗句，把这种有感而发真真切切地表达了出来。

所以，我们忍不住要说：这真是一首美不胜收的诗，它的美，不仅体现了一种意蕴出于言语表达之外的旷达之美，更体现了景物和心情交融的内在之美。

（五）

竹枝词

唐·刘禹锡

杨柳青青江水平，闻郎江上唱歌声。
东边日出西边雨，道是无晴还有晴。

杨柳树的枝叶茂密而绿得青翠，江河中的潺潺流水漫堤而荡溢，那正是春意浓的好时节，突然之间从江面上传来了我那情郎的悠悠歌声，那歌声如同一阵阵的太阳雨。这边看来似雨水连绵而无晴（情），那边且是丽阳高照很有晴（情）。这种反衬对比，把处于恋爱中的男女的情感的起起伏伏很传神地表达了出来。

这首《竹枝词》非常的明昶而别致，充满了活泼的生活气息，它通过比兴的手法，从一位女子听歌传情中表现出对情郎的一种若即若离的情愫。首句看似写景，实际上点出了天气好、心情也会好，这“江水平”不光是实指的江面风平浪静，还暗指彼此之间的情感的平顺和丰沛。接下来一句的“闻郎江上唱歌声”，这歌声从江面而来，除了自己的情郎所处的位置外，还从具体的歌声中了解到他的情感的起伏变化，是与自己一样炙热，还是有了些许的变化？这些，听歌的女子是非常关心的，随着歌声的一阵阵传来，她的感觉也随之起起伏伏，是喜悦？还是有一点担心？还是其他什么特别的？总有一点捉摸不定，让人有一些忐忑不安，难道这位情哥哥对自己的感情也像是一会儿雨一会儿晴的？这位女子的内心起了波澜。显然,在这里,已经不是首句中的“江水平”了，这位女子通过一番焦虑的考验，从紧张不安中慢慢缓解下来，最后用“道是无晴还有晴”以天的晴雨来指代爱情的“晴”和“雨”。她得出了结论，这位情哥哥对自己总应该是有爱情的，从而得到了情感的释怀。所以这短短的四句，实际上包含了非常多的内容。除此外，作者通过对这些具体情景的描写，不仅很传神地反映了川区人们的精神风貌，讴歌了他们质朴的情感生活，而且间接地也反映了作者深入民间，与民同乐的思想境界。

在这里还需指出，《竹枝词》是四川民歌，它原先在四川民间广为流传，是川人表达情感的小令小调，具有浓郁的乡土特性和鲜明的生活气息。在永贞变革失败后，刘禹锡被贬到巴蜀，开始了他的贬谪生活，他用“巴山蜀水凄凉地，二十三年弃置身”来描述自己的谪居生涯。在这艰苦的环境中，他没有自怨自艾，而是热情地投入到当地的生活中，很快就注意到了这些当地的民歌，然后就用这些民歌的样式来进行创作。不仅丰富了自己的创作实践，更开拓了新的文学样式，对词的这种新的文学样式的出现，作了可贵的探索。从这一点来看，刘禹锡在词的发展中是起到一定作用的。

无论是《竹枝词》，还是洛阳新曲的《柳枝》，虽然刘禹锡、白居易等作了很多，它们被看成词的先声，但这些基本上还很接近一般的绝句等样式。相比较于传统的诗的样式，它虽已有较明显的变化，但离后来的长短句之类的词，还很有差距。所以，它可被看成词的样式发展过程中的一种过渡时期的样本。

（六）

早发白帝城

唐·李白

朝辞白帝彩云间，千里江陵一日还。
两岸猿声啼不住，轻舟已过万重山。

朝霞烂漫的时候，白帝城中雾气袅绕，乘一小舟，“我”挥一挥手向它（白帝城）告别，离开白帝城后，飞速快行的小舟在江面上穿梭，而江边上的重叠山峦连绵起伏，逆着小舟纷纷后退，在一日之中把千里之外的江陵打了一个来回，行舟途中还听到了江两岸边的猿啼声，它们是巴峡哀猿，啼声哀怨悠长，凄厉悲怆，让人情绪有了许多的变化，是怡情于山水的奇妙，还是匆匆归程的急促，抑或还有其他不可名状的思乡之情？……

这是一首有意思的诗，作者一日行舟到了江陵，然后仍旧回到了白帝城，所以这一日，小舟在江面上驾驶的里程有两千多里。猿猴生活在茂密的树林里蹦跳啼叫，飞快而驰的小舟把连绵、叠嶂的千万重山峦抛在了身后。江的两岸都是茂密的森林，那融和优美的自然环境中传递出一种空旷而寂静的气息。

在这首诗中，作者把在江上的穿梭小舟作为观察的着眼点，通过对江的两岸有特色的景物的描写，勾画出了一幅山水画卷。在这个画卷中，有彩云、江以及江两边的山峦，它们是静态的，以突出空旷和寂静的画面底色。然后引进了小舟，使得原本空旷寂静的画面有了动感，它成为画面中的点睛之笔。此外还引进听觉上的声音，以林中的猿的啼鸣来反衬寂静和空旷，这类似于王籍的“蝉噪林愈静，鸟鸣山更幽”的意境，从而使得整个画卷更具内在的张力，以突出作者游走在天地间的空灵、飘逸，潇洒自如，更可看成作者所要深层表达的道、侠的意蕴。

把这首诗与《黄鹤楼送孟浩然之广陵》连起来欣赏，不难发现，它们有一些相通的地方。那就是作者善于把大环境与小个体结合起来描写，这里的“轻舟”对应于江两岸的“万重山”，真如后者的“孤帆”对应于“碧空”一般，它们都实现了对立的统一，把挥洒自如的豪迈很传神地表达了出来。

还值得一说的是，这首诗的语言充满动感，且流动自如，作者把这些看似平常的词语进行匠心独运般的组织，使得它们不仅朗朗上口，更把意境表达得非常深远，展现了作者卓越的诗才。

与这首诗有关的，还有一个有意思的故事。在今天白帝城等所在的长江中上流的两岸的崇山峻岭中，早已经没有了巴峡哀猿，所以今天的人们读到这首诗时，仍不住就怀疑李白诗句中的“两岸猿声啼不住”的真实性，认为李白没有听到猿的啼叫声，诗句所表达的仅仅是作者的一种臆想。无巧不成书，当科学家在该地区科考过程中，无意间发现了猿的遗骨，并把它拿到了伦敦，用碳同位素仪器测试，得到的结果是，这些猿的遗骨的历史离现今只有 270 多年而已。这说明，在 270 多年前，该地区还有猿猴在活动，由此得到结论：早在唐代的李白，听到的应该就是生活在两岸树林中的猿所发出的啼叫声，科学为李白做了无可争辩的证明。

（七）

静夜思

唐 · 李白

床前明月光，疑似地上霜。

举头望明月，低头思故乡。

这首诗给出了具体的地点和时间，地点在“床前”，时间是秋天的某一个有明月的夜晚，诗人在这个时间点上，面对着如霜的月光，就有了情感的波动。这里的地点主要体现在“床前”两字，因为李白没有明确“床前”具体所指，今天对它的理解就不尽相同。

若把“床”理解为水井的栏杆，那么“床前”就是井台前，因此整首诗可理解为：夜深寂静，皎洁的月光洒落在井台前，在这深秋时分，它很像秋霜洒落在地上一般，“我”抬头望见了明朗清纯的月亮，此时更使“我”低头沉思，想念那遥远的故乡。

因此，可以想象为在深秋时分，夜已深沉，而游子还是在井台前徘徊，如银丝般的月光洒落满地，面对着如此的冷月和寂静的环境，诗人有了身世飘零之感，心情是凝重的，思乡的思绪让他夜不能眠。诗句虽然用了很少的语言，但包含了很多的意思，尤其“低头思故乡”这一句，把这首诗定调为思乡之作的典型代表，它可以与“日暮乡关何处是，烟波江上使人愁”“春风又绿江南岸，明月何时照我还”等思乡的诗句比较着阅读。不难看出，这在深秋月朗之时，思念故乡应该来得更沉重一些。

若把“床”理解为河床，那么具体的场景应该是在河岸边，作者在深秋月明之夜，或是在河岸边徘徊，或是在舟船甲板上站立。此情此景，让他思乡之情油然而生，这似乎也很说得通。

有人认为，这个“床”应该通借“窗”，那么作者作这首诗时，地点应该在室内，作者透过窗来感知室外的月光如同地上的秋霜。虽然这样也说得通，但因为在室内，空间就受到限制，难以很好地表达空间的空旷和寂寥，而且作者的“抬头”和“低头”等动作也受一定的限制。

作者在写诗时，并没有明确“床”是什么，致使对它有了多种的解释，除了上述三种外，还有把“床”看作是“胡床”，也就是一种特别的凳子之类的等。今天，因为我们并不了解作者用“床前”两字的本来意思，所以产生了多种的解释，似乎有点怪作者没有说清楚的意思。但实际上，对作者来说，在那时那地，他的具体表达是清晰的，“床”的意思和“床前”的地点也是明确的，只不过因为随着时空的转移，现在难以唯一地还原了而已，所以这个问题的产生，是不能怪作者的。更进一步，之所以有了多种解释，让我们对它理解、欣赏有了多种体验，所以它可作为一个典型的例子，来支持对诗词的欣赏可有多种体验的论点。

总之，在深秋凉气袭人之时，作者远游他乡，面对的是夜静和月明，所想到的是秋凉和故乡，这一份凄美、无助和无奈，是一种淡淡的相思，浓浓的乡愁，更是一种凄楚的自怨和无声的无奈。游子的愁真是秋来别样的浓，远游为功名，但往往是功名把人误。借助于静夜和明月，李白把这种愁苦和无奈写得如此的婉约和含蓄。这首诗写得真美。

（八）

登鹳雀楼

唐 · 王之涣

白日依山尽，黄河入海流。

欲穷千里目，更上一层楼。

白日在西边的山岚上慢慢西沉，而黄河之水汩汩东流注入了大海，如果想把在千里之内的东西尽收眼底。那么，请爬上更高的一层楼台去远眺。

这首诗具有恢宏的论述气势，且由物见理，堪称哲理诗的代表。它通过对落日和黄河的描写，道出要看得远，必须站得高的道理。以当时的情形看来，这是理所当然的。但实际上登高能望远是有条件的，这个条件是空气中没有雾霾之类的，要有足够远的能见度。此外，视力要尽可能好，能够目穿长空，是正真的千里眼。唯有这样，才能实现登得越高，看得越远。倘若在傍晚时分雾霾严重，能见度不足百米，或本身目力有限，甚至是近视，那么爬得再高，也难以达到“欲穷千里目”的目标的。

诗人登上鹳雀楼后，登高望远，他先向西眺望，只见悬在天空中的太阳慢慢下地西沉于崇山峻岭边，然后转身向东眺望，只见边上的黄河之水向大海流去，然后用后两句诗来表达自己内心的感悟。这正如王安石的诗句:“不畏浮云遮望眼，自缘身在最高处”。此外，诗句也间接地表明了自己具有“千里目”之才，期待着上更高的台阶，来充分发挥自己才干的愿望，从而表达了对自己的一种高度期许。所以，若把它引申开来，它包含了很丰富的意蕴。

这首诗非常浅显，似乎很好理解，但还是有一些值得具体辨析的地方，其中之一是如何理解“白日依山尽”这一句。对于快要下山的太阳来说，它的颜色应该是红的，怎么会是白色的呢？难道诗人所处的时代污染少和环境好，西沉日的颜色就是白色的。但唐代的文字中也有“那红日坠落在西山后”之类的，这可证明唐代的夕阳也是红色的，因此用白日来形容快要下山的太阳并不是很妥当的。如何把这句诗解释通，成为赏析它的一个难点。这里给出两种合乎自然之理的具体解释：其一是，作者登上鹳雀楼后向西观望时，虽然此时的太阳已经偏西，但离正真成为“夕阳将要下坠到地平线以下”还需要相当多的时间，而诗人所见到的山又非常高，山峦与太阳看起来已经很接近,所以才有这样的诗句。其二是,“白日”的“白”不作白色解释，而把它理解为明亮、光亮。这样“白日依山尽”可被解释外“明亮的太阳依着山峦慢慢西沉”，这样的解释也能说得通。其中之二是对“欲穷千里目”的理解，从字面上来看，就是使得千里目能够看到极致,也就是实际所见到的不打额定可见到的折扣。此外，具有“千里目”者,显然不是等闲之辈,它实际上是指代一切有雄才者，他们想要尽其才，就需要追求更高更大的舞台，这是一层意思，还有一层意思是，对于“人主”者，需要像“千里目”一样的雄才尽量发挥他们的才能，也需要提供更高的平台。由此可以看出，在这里，作者也表达了自己未能尽才的一种感叹和排遣，这也折射出作者仕途中的一些信息。在理解赏析这首诗时，这一点也应该值得注意。

（九）

山中问答

唐 · 李白

问余何意栖碧山，笑而不答心自闲。

桃花流水窅然去，别有天地非人间。

有人问“我”为什么要憩息在碧山，“我”只是神定气闲地笑笑而已，并没有作详细的回答。那碧山之中的桃花烂漫、流水潺潺，它们满带着道骨仙风，情致深远地杳然而去，那一份别有洞天的意境，确实是脱俗入神得非同一般。

李白历来被看成是深受道家影响的诗人,人们把他称为“诗仙”,就有认为他是学道的诗人的意思在。这首《山中问答》堪称是这方面的一个典型性的具体例子。作者栖息在碧山之中，与山中的花草和溪水等为伴，过着诗意的生活，时间长了，难免有朋友或其他关心他的人问他为什么久居山中，他这首诗就给出了回答。他的回答也别具一格，充满了道家的空灵和飘逸的神气，实际上从一个方面说明他已经具有了很深的道家的修为。第二句诗句的“笑而不答心自闲”,从表情上是笑,显得非常的轻松自如,从内心来看是“心自闲”这个“闲”字非常传神，它是放松，自由、散淡等意思，表达了不为俗事所羁绊的心灵的自由豁达，更表现出心灵的空灵活泼。这实际上就是不答之答，通过表情和心灵意态的表现，回答了提问者的问题。进一步，他用了“桃花流水窅然去”来描述碧山的景色：桃花烂漫绚丽，表现出生命力的灿然，流水潺潺，表现出一种流动不息的意境，它虽然只说到碧山中的桃花和流水，实际上包含了它的全部，然后“窅然去”来表现它们的存灭的状态。这“窅”就是深远的意思，所以“窅然去”就是深远的样子飘然地过去，突出了这种别样的幽深、深远的意境。这说明碧山就是一个仙山，它的一草一木、一水一壑都带有“仙气”，它们在时令变化中，是那样的深远有致、从容有度、飘然有情。让作者深深地感受到其中的毓秀灵气、道骨侠气，它进一步说明作者流连忘返的原因的同时，为点出下一句“别有天地非人间”做了很好的铺垫。所以最后一句的出现是那样的水到渠成，它总结性地回答了诗人栖碧山的原因。

整首诗从问到答，起句是问，后三句是答，前一句不仅做了一定程度的回答，且又为后一句做必要的铺垫。它们层层递进，来说明这“碧山”是“别有天地”的地方，正因为它的非人间，就成了诗人栖碧山的理由。

在这首诗中，诗人正面地回答了栖息碧山的理由，从另一个方面也说出了在“人间”的不如意。这不如意不仅体现在没有如碧山那样的环境，更重要的体现在不能“心自闲”，也就是心灵的苦闷和沉重。所以，诗人为了追求诗意的栖居生活，就躲进了这仙境般的碧山，这就产生一个问题：诗人这样逃避现实的人生态度是积极的，还是消极的？对现实主义来说，这样的人生态度当然是消极的，因为它逃避现实，不能对现实的改变有所着力；但对自然主义者来说，这样的人生追求未尚不是积极的。尤其在今天，面对恶劣的生态环境，人们追求诗意的栖居环境和意境，正是自然主义者应该极力追求的。所以把这首诗放在历史中加以考察，它不仅传承了自汉、魏以来，崇尚自然的道家们进山修道的传统，如传说中的刘晨、阮肇入天台山修道遇仙，就是一个很著名的例子。同时还启迪着今天注重生态的自然主义者对追求诗意栖居的想象：在春天里，身处于桃花烂漫、溪水潺潺的碧山之中，那一片自然的生机是如此的春意盎然，使人倍感美妙而身心愉悦，更把身心陶冶的脱俗入神。所以，自然就是一味良药，难怪在英语中有这么一句谚语：“Nature is the best medicine.”。亲近自然、感悟自然、欣赏自然，从自然中汲取好的营养是多美好的一件事啊！

（十）

长歌行

乐府古诗

青青园中葵，朝露待日晞。
阳春布德泽，万物生光辉。
常恐秋节至，焜黄华叶衰。
百川东到海，何时复西归。
少壮不努力，老大徒伤悲。

富有生气的园中之葵，在朝阳之中婀娜生姿，那依附在葵叶上的露水在阳光照耀下晶莹剔透而熠熠生辉，并随着所晒时间的延长而化为乌有。春天的明媚阳光，对万物撒播着恩泽，使万物充满生机和活力，但常常害怕秋天时节的到来。到那时，它们的光辉不在，而只落得叶黄而枯衰。时间过得飞快，它如众多河水流入东海，已不再向西回归啊！所以，如果在年少而体壮的时候不好好用功努力，到年岁大的时候就只能徒然感叹、伤悲不已。

这首乐府古诗，它采用“行”（“行”“歌”“吟”“曲”等形式是乐府诗歌的样式）——这种相对活泼自由的民歌形式来表达“少壮不努力，老大徒伤悲”的主题思想。用比兴的手法从具体的事物说起，通过层层递进，最后点出主题。这里的托物起兴总共用了三次，第一次是园中葵叶上的朝露在一日之内的变化。这里的葵是一种大叶的蔬菜，因为叶片很大，早上在太阳还未升起之时，叶片上容易积攒晶莹的朝露，但随着太阳的升起，在太阳光的照射下，这些朝露就很快消失得无隐无踪，所以从园中葵的叶片上的朝露被晒干来说明一日难再晨。第二次是从万物在阳春中接受德泽，到秋来的“焜黄华叶衰”的现象，来说明一年难双春。应该说，这两词托物起兴已经把所附的意义说得很明白了，但因为时间的流逝是无形的，诗歌进一步用有形的“物”作第三次的比兴，那就是以“百川东到海，不再复西归”来再次说明时间的流逝是一去不复返的道理。然后水到渠成地点出主题，劝勉人们要珍惜时间，趁着年少体壮的好时节，好好努力，乘势而动以达到不虚掷光阴的目的。很有启发意义。

这种托物起兴的表达方式，常用于民歌等方面的创作。它通过对浅显、明白的具体事物的描写，然后引申并提炼出抽象的道理或观点。这样的讲理，明白易懂，它是一种非常有效的表达方式。在刘勰的《文心雕龙》中，专门有一章讲比兴的，他说道“比者，附也；兴者，起也。”以实现“比之为义”“兴之托喻”和“拟容取心”的目的。依据刘勰的观点，再来欣赏这首《长歌行》，可很好地理解该诗所采用的方法以及所要表达的意思。通过对该诗的理解，反过来也可帮助更深刻地领会《文心雕龙》中对比兴的论述的意蕴。

这首诗选用的“物”都很平常，诗句的选字造句也朴实无华，在看似平淡无奇中，最后给出了意味深长、隽永有力的警句，使得整首诗的主题奇峰突起。它如同平地中突然而起的风雷，可产生极强的感染力。这也是这首诗成功的一个重要原因。

今天，我们欣赏这首乐府古诗，不仅要以它的警句勉励自己珍惜时间，还要学习它的这种托物设喻，托物起兴的表达方式。

（十一）

赋得古原草送别

唐 · 白居易

离离原上草，一岁一枯荣。
野火烧不尽，春风吹又生。
远芳侵古道，晴翠接荒城。
又送王孙去，萋萋满别情。

从诗的题目《赋得古原草送别》来看，这是一首“赋得体”的命题之诗，因为有很多限制，所以要写好比较难，但同时也给作者提供了相关的创作思路。全诗写在古原道上送别，显然借用了楚辞中对旅人、行者的称谓，以及用到了“王孙游兮不归，春草生兮萋萋”的相关意境，它把这两句楚辞的意境做了相应的艺术再加工。

从叙事上来看，在野草疯长的古原道上，诗人向将要远行的朋友送别，这位“王孙”将要登鞍远行，诗人握着他的手，在互道珍重中与他依依惜别。面对着古原上的野草、古道边上的芬芳的花儿，以及古道延绵遥相连接的荒芜的古城，诗人的内心有了很多的感慨，对着古原上富有生命力的野草，他发出了“一岁一枯荣”的感慨，眼前的野草随着每年的时序变化，从枯萎到茂盛的生长，又从茂盛地生长中慢慢枯萎下去。透过这种表象，诗人得出了“野火烧不尽，春风吹又生”的感悟。实际上，诗人是从消极中看到了积极，感悟野草的坚强和生生不息，由此表达了对生命活力的礼赞。接下来，再从友人将要作别的古道的景色，写到这古道一路衔接的荒芜的小城，古道被各种的花草簇拥着，显得那样的明朗青翠，一直通到了那遥远的小城。这古道是够远的，那将要远行的旅人，也就是“王孙”将在这古道上登程远行。诗人为他送行，在此情此景中，他们的离别之情，与这古道一样长，与离离原上的青草一样的盛，如“春草生兮萋萋”那样，最后用“萋萋满别情”作结，突出了送别之情的义重情长。

整首诗可作这样的解释：看呐，那古原上茂密的野草是那样的充满生机，它们在每一年的时序变化中，经历着枯萎、繁荣的转换。那充满蛮劲的野火虽狠狠地把野草烧尽。殊不知，到了来年，在春风的吹拂下，这饱含生命活力的野草又疯疯地生长起来了。古道边上芬芳的花枝占了道路，使得这古道变得明昶青翠，它一直连接到冤屈荒芜的小城。在这古道上，“我”为将要远行的旅人送行，如同原上之草一样盛的别离之情占据着我们各自的心。

白居易的这首赋得体的诗，除了要表达“萋萋满别情”以外，还把生命不息的气息描绘了出来。他说的是野草，实际上一切生命体，只要有生机，到了时候，它就会展现它那旺盛的生命。做事也一样，一天天的积累，看似没有进步，但到了时候，就能获得成就，可谓是一飞就上九皋之上。所以，它以小见大，富含哲理。此外，全诗所使用的语言流畅自然，且又工整讲究，更把深切的生活体验和哲理融入其中。不仅很好地借鉴了楚辞中的“王孙游兮不归，春草生兮萋萋”的意境，更富有创意地外化了它们，使得字字有真情，句句有韵味。全诗堪称完美。

（十二）

送元二使安西

唐 · 王维

渭城朝雨浥轻尘，客舍青青柳色新。

劝君更尽一杯酒，西出阳关无故人。

早晨，那窸窸窣窣的小雨把渭城洗濑得一尘不染，坐落在树丛中的青瓦客舍与新叶婆娑的柳林相映成趣。住在客舍中的元二先生因要出使安西而将西行，我坐在他的对面为他把盏饯行，忍不住再三地劝酒道：请再喝上一杯好酒吧，那再往西而行，等过了阳关，就没有朋友为您把盏并殷勤地劝酒了。请珍惜这次的饯行话别，请尽兴地再多喝一杯吧。

这诗有景更有情。把离别的情感写得非常的含蓄而真挚，在诗里虽没有直接写为远行的元二先生饯行话别，但读者都能感觉到那是作者与元二先生把盏话别、殷殷劝酒，希望元二再多饮几杯，因为阳关以西已无朋友，朋友共饮的机会就没有了。

全诗用“西出阳关无故人”来表达诗人是元二先生这次出使安西道上的最西边的友人的意思，同时通过把盏饯行，劝酒这个具体而微的细节，反映出朋友之间互相关切的深厚情谊，大有“fellowship”的情怀，感人至深。

这是一首著名的唐诗，可看成是反映朋友之间情深意长的典范之作。有人把它谱成古琴演奏的名曲，被称为“阳关三叠”，然后成了一个曲牌名，实现了诗与曲和音乐的结合，堪称是还原诗的本来面目的一个典型的例子，可用来印证诗与曲之间内在的互融关系。

还值得一说的是，有人对这首诗中的“故人”有不同的理解，认为这里的故人并不是泛指一般的朋友，而是特指王维本人。“西出阳关”的意思是从安西回来经过阳关，那么后面两句诗的意思是：作者频频向元二先生敬酒，请他尽量多喝一杯，因为等他从安西回到阳关时，就再也见不到王维这位朋友了。似乎言下之意为王维已经等不到元二的出使回来就要死去了，这就添加了很多的生离死别般的悲凉，这首诗的气氛就显得非常沉重。这样的理解似乎也有道理，但实际上，元二这次到安西去并不是做官或带兵打仗，那样的话，可能在那里要待很长时间，这次仅是出使安西，应该很快回来的，应该有很多的机会与诗人共饮美酒的。从这一点来看，这种新的解释似乎缺少一些合理的因素，而多了些牵强附会。

（十三）

宿建德江

唐 · 孟浩然

移舟泊烟渚，日暮客愁新。
野旷天低树，江清月近人。

坐船在建德的江面上行进，到炊烟很多的江中的小岛边停泊了下来。日暮时分，携舟远行的船客又添了许多新的愁闷。泊船的地方富有野趣，且视野旷远开阔，江边的树林延绵不绝，似乎与天际相连，更是在寂静明朗的夜晚，天上明昶的月亮倒映在清澈的江水中，月亮离人是如此的近。

这首诗是孟浩然乘船漂泊在建德江上，在日落时分，泊船江边高地处后的所见所感的记录，首句中的“烟渚”，渚是水中的小块陆地，“烟”既可理解为暮霭和雾气，也可理解为炊烟等，若是后者，则这个渚上还有几户人家，这对准备泊舟留宿的游子来说，多了一些生火做饭等的生活细节，应该更接近生活的真实。这里表明了具体的地点。接下来，“日暮”则表明是黄昏时分，这两句诗前后对应，符合自然条件，它实际上进一步说明了“渚”上有“烟”的真实性，无论是暮霭雾气还是炊烟，在这个黄昏时分都是存在的，因为在天气好的黄昏时分，在水汽很足的江边，很容易形成薄雾，它们似雾气笼罩江面一样。至于作炊烟解释，在黄昏时分，出现炊烟那是最正常不过的事情。随后，诗句用“客愁新”来表达旅人在此时此刻的心情：漂泊在外的游子，在黄昏时分，增添了好多的愁闷。这里既包含了诸如乡愁之类的惆怅，还包含了游子在旅途中的漂泊不居的愁苦以及诸如对宦途的失意等。接下来的两句诗，是从日暮到月亮高升这段时间内的对建德江及周边环境的描写，把在夜静月明中，人与自然的和谐相处的意境表达了出来。所以，漂泊在外的游子虽然愁闷多多，但有明月相伴，在“野旷天低树”的江渚上，总可以打发掉些许的愁闷。

更需要说的是，那时的天是那样的明昶，环境是那样的充满自然之美。所以，从诗句中还可读出自然环境之美，人与自然的和谐之美。“野旷”的野趣盎然，“天低树”不仅为树木多，还有空气好，能见度高，因为可看得很远，所以才会有“天际与远处的树林相连”的景象。“江清”就是水质的优良，而“月近人”更是衬托出江水的清澈，所以，它们两者是互相印证。

（十四）

杂诗

唐 · 王维

君自故乡来，应知故乡事。

来日绮窗前，寒梅著花无。

你从老家来看“我”，应该知道在老家发生的事情吧，请问你离家出门的那一天，绮依在窗前，是否看到寒梅已经开花？

这首诗虽小，但道出了终年在外的游子浓浓的思念故乡之情，它通过询问来访的老乡（乡亲）关于老家的一些看似琐碎的小事，来表达对故乡的牵挂，尤其通过问询寒梅有否开花，不仅表达了对故乡人事的关心，还表达了对故乡的气候和时令的熟悉。除此外，因历来梅花有很多象征意义，这里询问梅花是否著花，也有表达作者的一种境界的意义在。

王维这首诗从小处着手，以小见大，通过询问梅花开了没有，把对故乡的牵挂很好地表达了出来，与它相对应的小诗，还有南朝江总所写的一首《于长安归还扬州》：

心逐南云逝，

形随北雁来。

故乡篱下菊，

今日几花开？

在这首诗中，通过对南云和北雁这两种飘忽和迁徙的东西的描述，来说明身心之间的冲突和飘零，但更由此牵出了游子对故乡的思念，借用篱下菊今天开几枝的问话，来突出思乡之苦和身心飘忽之累。王维是否借鉴这首诗的意境，用梅来代替菊，表达了相近的意思。

在欣赏这些诗词时，就会遇到一个问题，那就是如何分析在不同诗词中的相近的句子？一种传统的处理方式，如沈祖棻的《宋词赏析》和夏承焘的《唐宋词欣赏》等相关著作中，总是把所赏析的词中的相关句子看作是作者传承、借用前代或同代的其他诗、词的结果，以此来说明这词中的相关遣字造句是其源自由的。同时也可表明分析者对诗词的熟悉和猎及的广泛，这种处理方法似乎有被当作不二之法的倾向。但细细分析这种赏析方法，不难发现，它是存在很多的缺陷的：其一，因为既然是不同的诗词，那么它们总是彼此存在差异的，甚至是互相独立的，这种鉴赏方式实际上忽略了、至少是低估了作者的创造价值；其二，它也制约了欣赏者对诗、词所营造的意境的共鸣。

（十五）

出塞

唐・王昌龄

秦时明月汉时关，万里长征无人还。

但使龙城飞将在，不教胡马度阴山。

那遥远的秦时和汉代的边塞战事还远未成为战争的绝响，长久以来，应征万里的士兵在边塞的征战中纷纷为国捐躯，已是无人可安全地回转故乡。倘若在现今，边塞中有如龙城的飞将军李广那样的将帅镇守着，那么他们就可很好地抵挡敌人于阴山之外，（阴山以南的）百姓就不会受到敌人的侵扰而遭殃。更有那应征戍边的男儿，也可凯旋后光荣地回归故乡。

这首诗有历史的苍凉和厚重感，粗略地看，那似乎在说秦汉之时的边塞战事。实际上它所说的是诗人所处时代在阴山边塞上的纷繁战事，同时也表明这从秦汉以来的边塞战事总是没完没了。更因主持战事的将领们的无能，不能有效保卫疆土，不仅使应征万里的男儿都不幸成“可怜无定河边骨”，更是让住在阴山之南的老百姓，饱受敌人的侵扰之苦。他们都企盼国家加强边塞的军事力量，保境安民，边塞的百姓都能过上安居乐业的生活，而应征戍边的士兵也都能平安地回到故乡，与亲人团聚。

这首诗气势恢宏，它用“人未还”来表现具体战争的惨烈的场面的同时，进一步表明战事的失利，为下面诗句的出场，做了具体的伏笔和铺垫。由此，从士兵和阴山之南的百姓的角度来考虑打赢战争的方法，得出的结论是如果有龙城飞将军这样的将帅在，那么就可以挡敌于阴山之外。这里用了“但使”两字，表明是假设性的，这就很好地说明了现今主持战事者并不像李广飞将军那样有才能，间接地控诉了他们的昏聩无能。

还需说明的是，这首诗有“译不出”之美，它不仅在借古喻今中有时空的转换，更有一种亦古亦今中的时空交错。它用长篇叙事的手法，用历史的长镜头，采用蒙太奇的手法把从秦汉时代开始的阴山边塞的战事一直表现到现代（唐代）。在展现战事的惨厉、死伤无数的同时，以一种近乎幽怨的笔调，来述说当今主持战事的将领的无能，造成了将士战死、边塞百姓被侵扰的悲惨局面。第一句的“秦时明月汉时关”，看似泛指，且又有特指，迄今尚没有看到很令人信服的翻译之句。王昌龄的这一句应该是神来之句，不仅能表达了气贯长虹的气势，更把惨烈的战争的氛围很传神地表达了出来。它包含了画角争鸣、刀光剑影、人马厮杀等丰富的战争场面，我们把它译成这样的形式，押“iang”韵，聊可一表。

所以，这首《出塞》诗借助评说秦汉的边塞战事和分析打赢战争的条件来间接地反映当时戍边失利、当地百姓倍感困苦的状况。

它显得含蓄的同时，更体现了悲壮而不凄凉，慷慨而不直白，以至于有人（如明代的李攀龙等）把它推举为唐人七绝的压卷之作。可见，这首唐诗的地位是非常崇高的。

（十六）

元日

宋 · 王安石

爆竹声中一岁除，春风送暖入屠苏。

千门万户曈曈日，总把新桃换旧符。

王安石的这首《元日》诗，虽是说的春节（春节这个概念到中华民国才出现，而古代都把农历新年第一天称为元日）时候，老百姓放鞭炮换桃符等习俗，但它含有对时序变化、新陈代谢，新事物代替旧事物的赞美之意，把这首看似描写风俗的诗词，赋予了思想内容，从而突出了这首诗的思想性，提升了诗的格调。它大致可作这样的解释：在一声声的爆竹声中，旧的一年随之过去，新的一年即将来临。那暖和的春风吹进了正喝着屠苏酒的千家万户，更有那家家户户，在门口用新年的桃符来换上旧岁的桃符。

这首诗还涉及了宋代的习俗，一是大年初一家家喝屠苏酒，二是家家户户在新年的第一天换门上的桃符。大年初一喝屠苏酒是一种祈愿健康安泰的习俗，换桃符则是送旧迎新。通过对这些习俗的描写，除了生动展现当时的年俗以外，它还表达了一种积极的生活态度，向上向新的人生追求。它实际上是对新生事物的热情讴歌。

这里对于“春风送暖入屠苏”的解释相对有创意，因为，一般把“屠苏”理解为屠苏酒，但也有人认为，“屠苏”应理解为房屋、家园。如果屠苏被理解为房屋，那么这句诗就失去了元日喝屠苏酒的年俗,分析王安石用“入屠苏”中“入”的本意,把它理解为“进入喝屠苏酒的千家万户”,既保存了元日喝屠苏酒的习俗,又有房屋的意思在,所以这应该是最恰当的。

关于屠苏酒,据说是选在特定的时间,配以各种草药的一种土制药酒,在春节(元日)这一天喝它。喝屠苏酒是有讲究的,一家大小根据年纪的大小排成序,年纪小的先喝,年纪最大的最后喝。喝了以后,可保大家这一年的平平安安,它除了应当时的年俗外,据说还确实可以起到强身健体的作用。在湖北的武当山的道士们,至今还保留着这种习俗。另外,与元日喝屠苏酒相类似,还有在大暑日(一般每年的7月23日)吃暑鸡,在立秋日(每年的8月7号或8号)吃酱猪蹄等,被称为“贴秋膘”等。它们都成为民俗文化的一部分。

(十七)

惠崇《春江晓景》

宋·苏轼

竹外桃花三两枝,春江水暖鸭先知。

蒌蒿满地芦芽短,正是河豚欲上时。

那茂密竹丛外边有三两枝的桃树,正漫烂地开着桃花,有戏水的鸭子在转暖的江水之中感受春天的到来。满地的蒌蒿和刚从地里钻出来的芦芽是那样的充满生命活力,此时正是鲜美的河豚在市面上可以买到的时节。

这是苏东坡在惠崇的《春江晓景》画中的题诗,它与画相映成趣,把画所表现的春江图景做了艺术再加工。它通过竹丛、桃花、江水、鸭子、蒌蒿、芦芽、河豚等具体的事物的状态变化,来描写春天:竹丛有了新绿,桃树有了花蕾,嬉水的鸭子因水温的升高,最早感知到春天的到来，遍地都是的蒌蒿，才露出很短嫩芽的芦苇，以及市面上的河豚，它们都是报春的使者，告诉人们，春天到了。所以，诗人把抽象的春的概念，写得生机勃勃和生意盎然，这种用具体的事物来展现抽象的概念的方式，也可说是用有形来描述无形，也就是用“具象”来展示“抽象”，可起到由小见大的作用。苏东坡这种写法不仅体现了他的隽永，更体现他的高超的艺术手法。读起来使人强烈地感受到“春到人间”的艺术活力。

所以这首诗与惠崇的画，它们两者之间互补式地实现了画中有诗，诗中有画，画与诗实现了高度的艺术统一。

（十八）

独坐敬亭山

唐 · 李白

众鸟高飞尽，孤云独去闲。

相看两不厌，只有敬亭山。

很多的鸟儿高飞远去，孤独的云儿独自在天际闲懒徘徊。怎么看都不会彼此生厌烦的，对我来说，只有敬亭山而已。

李白这首诗用了对比的手法，一是“众”与“孤”的对比，以突出数量上的差异；二是“飞尽”与“去闲”，表示动作的急切和舒缓之间的对比，从而把李白在此时的落寞、飘零和孤单的状态表达了出来。也就是：趋势的众“鸟”都离“我”而去，孤单如孤云的“我”独自散闲，被飘零到敬亭山的边上孤独地面对着它，唯有敬亭山并不趋炎附势，它屹然不动，似乎与诗人静静地对坐，聊以慰藉诗人那受伤和孤独的心灵。全诗虽聊聊二十字，但很深刻地反映出了李白内心对世俗的厌恶以及对回归自然的一种怡然，反映了它自然主义（道家）思想感情。

情由景生的同时，景也可随着情而发生奇妙的变化。它把敬亭山拟人化了，把它比作了一位不趋炎附势的仁者，一位善解人意的长者。它仔细倾听诗人所吐心曲，并耐心劝慰着这位大诗人，所以有“相看两不厌”的情感共融。

李白这种回归自然的生活态度，一般的观点认为他是消极避世的。在社会中，尤其在政治纷争中败下阵来，就逃避现实，向往远离现实的自然之中。但实际上，这种态度未尚不是积极向上的。它可避免尖锐的斗争，避免不必要的伤及无辜，还可使得受伤的身心得到修整和恢复，甚至得到升华，它更是追求诗意存在的一种具体体现。所以对这种态度的一味批判，是有失公允的。

（十九）

敕勒歌

南北朝时期北朝民歌

敕勒川，阴山下，天似穹庐，笼盖四野。

天苍苍，野茫茫，风吹草低见牛羊。

这首朗朗上口的民歌的大致意思是，那阴山下的敕勒川是多么的广袤，像穹庐的天把它的四周都笼罩住了。而那广阔的原野上，当和畅的风吹来时，因风吹倒了草丛，没在草丛中正吃着草的牛羊都显露了出来。

这首民歌层次分明，前两句写地点，三四两句用概括性的语言写出该地方的空旷，而最后三句用来写草原的广袤和草势的茂盛，尤其用了“天苍苍，野茫茫”这六个字，把一种草原与天际相连的气势很传神地表达了出来。最后一句，意在表明草原中草的丰沛和牛羊等的肥硕。

这首民歌采用“三三四四三三七”的格式，具有音节美的特点，这与它需要朗朗上口，便于吟唱有关，它的最后一句起到总结或画龙点睛的作用，所以字数要相对多一点儿。

还需说明的是，看似仅是对敕勒川的草原的静态描写，实际上那草原上马嘶人欢，热闹欢腾的场景也隐在里面，间接地展现了牧民的生活状态。

仅有二十七个字的这首民歌洋溢着丰沛的生活气息，它显得隽永而明快，很典型地描绘出了塞上草原的风光。尤其最后一句“风吹草低见牛羊”所展现出来的“草丰水美牛羊壮”，相比较于今天的草原沙化等所导致的严重后果，以至于草的长度仅触及牛羊的脚踝。我们除了对往昔草原的向往和赞美外，更多的是对今天草原的深深担忧。

（二十）

寻隐者不遇

唐 · 贾岛

松下问童子，言师采药去。
只在此山中，云深不知处。

这首诗只有二十个字，但它有景有情节，我们可以把它说成“松下问答”。具体的场景是：“我”在大松树下问一位童子：“你师傅在家吗？”童子回答：“先生，家师不在家，他老人家到山中采药去了，就是前面那个山，但山势高峻而云山雾罩的，不知道他具体在山的什么位置上采药。”

这首诗展现了仁者乐山之美，颇具机锋。从问答中不难发现童子之师是道行很深的隐士，他以山为家，家门口有很大的松树，不仅表现该隐士气节高，还显示他修行时间久，是一位真“山人”，即“仙”人，所以有道骨仙风，蕴藏了道家的修炼和悟觉的机锋。它实际上不仅仅对道家有影响，还对医家、中国的传统绘画等产生影响。有人以此为内容，画成了画，来表达寓情于山川的思想，成为中国画中的一个重要的表达主旨。

还需指出，这首诗的后两句“只在此山中，云深不知处”不仅表明山势的高峻，还表明这位师傅的一种生活状态，在深山老林中，能自如地、活泼地生活，与自然为伍，与天地齐寿的境界可谓是跃然而出。

这首诗意在表达采药去的山人的高深莫测，但不是直接来写，而是通过童子之口间接地表达出。不仅包含了很多信息，而且还留下很多让人想象的空间。

与之对应的，还有一首《答人》的诗，它同样具有很深的道家情怀，也塑造了一位与天地齐寿的仙人形象，诗句是这样的：

偶来松树下，
高枕石头眠。
山中无历日，
寒尽不知年。

此外，还需要指出的是，这首诗中的字与词都很普通，句式也很口语化，可作为具有严格格律要求的韵律诗向散文化的过渡的具体例子。由此可以说明，在唐朝的时候，格律诗已开始从严格的韵律等方面的限制向散体化、口语化等方向演变，并逐渐成为一种趋势。实际上，自唐以后，历代都有善于做这样的散文体化诗的作者出现，如南宋的杨万里，清代的赵翼、郑板桥，现代的胡适等，还有一位叶恭绰先生，他有一首言志诗：

历劫空存不坏身，廿年恒避庾公尘。
未曾饿死还全节，也算堂堂地做人。

写得非常的口语化，直白如说话，也可算作一个很好的韵律诗散体化的例子。

（二十一）

相思

唐 · 王维

红豆生南国，春来发几枝。

劝君多采撷，此物最相思。

王维的这首《相思》诗的大意是：生长在南方的红豆，春天到来的时候就发枝结果，请您多多地采撷它们，这红豆就是“相思子”。

由于一句“劝君多采撷”与“花需摘时直须摘，莫使无花空摘枝”相对应，很多人把它作为一种爱情诗，把红豆作为互相分别状态下的相思信物。但实际上，相思不仅仅关乎爱情，它还关乎亲情和乡土。游子离别双亲，手拿红豆，思念庭训历历，同样是一种相思。游子思念不在身边的雏子，也是一种相思。另外，古人说，不怨桥长，只是近乡土亦香，这同样也是一种相思。

这首诗借物言情，把内化的相思之情用具体外化的生于南国的红豆来表达，促使红豆成为相思子，进而赋予它特殊的含义，可谓是“诗”的文化功能的一种具体体现。进一步，有人开发了相思子的产品，把“红豆”作为物化的相思信物，让彼此相思的双方或多方持有红豆来表达彼此的情感，而这红豆又需通过买卖得到，把“诗”的文化功能进一步转化成了经济功能，可谓是文创经济的先声。

(二十二)

乌衣巷

唐 · 刘禹锡

朱雀桥边野草花，乌衣巷口夕阳斜。
旧时王谢堂前燕，飞入寻常百姓家。

读刘禹锡的诗，最直接的感受是质朴的语言中蕴含着不凡的思辨和哲理，往往寥寥数语中深刻揭示一种深邃的道理，同时表现出诗人的怜悯和惋惜等的情感。这首诗也一样，大意为：朱雀桥边上的野草野花把朱雀桥衬托得无比荒凉，更有那西沉的太阳清冷地照着落寞的乌衣巷（虽现今如此衰落的地方），朱雀桥和乌衣巷原是非常繁华的王家和谢家所在地啊。那时常出入王家、谢家的飞燕，因为这些大户人家的衰败，已是无法再在那里作巢，只好飞到普通百姓人家去作鸟巢了。

古人说，其兴也勃，其亡也忽，兴衰是一种自然规律，昨日的繁华不能推出今日的繁华，此其一。更内在的一层意思还有，那曾经在王谢堂前叽叽喳喳叫嚷并作巢穴的燕子，都飞入寻常的百姓家，一个朝代或一个时代的衰去，那曾经的“燕子”就纷纷飞走了。他们有的到新贵那里去做策士，有的或归于林泉之下，有的更是为新的王谢之堂而努力去打击旧的王谢之堂，这是时代变动不居的写照，让人慨然感叹。刘禹锡虽仅说到了这王谢两家的旧事，但其意义是带有普遍性的，如一个王朝的衰落或一个世代的交替，无不如此。它以小见大，反映了刘禹锡深邃的思想。

到了宋代，著名词人周邦彦写了《西河 · 金陵怀古》，其中有：“酒旗戏鼓甚处市，想依稀王谢邻里。燕子不知何世，向寻常巷陌人家，相对如说兴亡，斜阳里。”显然，词是以这首诗作为典故使用的，用它的相关意境，来说出“繁华如梦，转眼成空”“无可奈何花落去”的兴亡交替的道理。

（二十三）

泊秦淮

唐·杜牧

烟笼寒水月笼沙，夜泊秦淮近酒家。

商女不知亡国恨，隔江犹唱后庭花。

江面上的似烟雾气笼罩着寒冷的江水，而天边的月亮更是朦胧的似被细沙所罩盖，小舟到了秦淮河上，在有酒家的边上靠岸歇息，隔着江，那一帮子人正嬉戏寻着乐，商家之女根本不知道那国破家亡而带来的深切悲痛，她正起劲地唱着“后庭花”的歌曲。

这首诗充满了悲切之痛。

通过深沉的诗句，深刻地刻画了一般人等忘记家仇国恨而娱乐至死的场景，真是有说不出的悲哀和凄然。

（二十四）

春夜喜雨

唐·杜甫

好雨知时节，当春乃发生。

随风潜入夜，润物细无声。

野径云俱黑，江船火独明。

晓看红湿处，花重锦官城。

及时好雨知道来临的时节，在正需要它的春天就落了下来。在夜间，它悄悄地随着春风而来，在无声无息中滋润着万物，田野中的小路和天上的云层在夜雨中都成了黑色，唯有江船上的灯火独自明亮。第二天早上，还带着雨水的花朵，让整个成都城都成了花团锦簇。

杜甫的《春夜喜雨》，意在描写春夜的一场及时雨。诗人用“好”“当”“随”“润”这四个字来拟人化地把它写得富有灵气，让人有种可触摸到的感觉。诗人先把这场雨界定为好雨，“知”可理解为知晓，这场雨如同雨神，知道应该降临的具体时机，在人们迫切需要它的时候就应时而来，似乎给这春雨赋予了一定的神性，由此就很自然地引出了“当春乃发生”这一句，用了“当”字，更突出它的“正当时”。接下来的“随风潜入夜，润物细无声”两句把这落春雨的过程写活了，它通过形象化的表述，把夜间春雨写得呼之欲出：春雨随着春风轻手轻脚地到了这里（成都锦官城），特意用了一个“潜”字，把那种唯恐惊动人的状态很传神地表达了出来，然后雨水静悄悄地滋润着万物。“细无声”与“潜”前后对应，以突出春雨的温润细腻。接下来，“野径云俱黑”的“野”可理解为成都城外的田野或空旷的野外，野外的小路本来很容易分辨，但因下雨，天上有厚的云层，天上的云与地上的野外小路因这春雨而相连，都一同变黑，致使难以辨认。“江船火独明”意在说明，都已变黑的野外，只有江船上的灯火还是明亮的，它们尚能被分辨出来。这两句的“俱黑”与“独明”也互相对应，以“独明”来反衬“俱黑”，以此来说明这夜间的春雨下得非常透。最后两句“晓看红湿处，花重锦官城”是写这场及时春雨的效果的。第二天早上，诗人查看还沾着雨点的花朵，它们是那样的滋润和鲜艳，使得整个锦官城（成都）都沉浸在团簇的鲜花之中。这里的“晓”是指夜雨后的第二天早晨，此时虽然雨已经停了，但因雨量大，雨下得透，诗人早上查看雨后鲜艳的花朵，它们还带着雨点，锦官城中到处是花团锦簇，一片春意盎然。针对“晓看红湿处”的“晓”有两种不同的理解，一种把它理解为“等到第二天早上”，这说明诗是在夜间写的，后面两句诗的内容是作者的一种想象。而另一种解释为“第二天早上”，这说明是在雨后所写，最后两句诗的内容是写实的，并不是诗人的想象。应该说，第二种解释更合理些，究其原因，正如上面所分析那样，这最后两句是写夜雨后的成效的，只有在第二天具体看过、感受过，才可确定无误地认定这是一场及时夜雨。

诗中用到了拟人手法，从美学的角度来看，所谓拟人法，就是把本来无生命的事物通过形体的赋予，实现抽象向具象的转化。在这里，诗人用“知时节”“潜入”“润物”等词语，不仅把春雨赋予了生命，让它产生动感，更赋予了灵气，简直把春雨当作了雨神，使之具备了一定的“神”性。所以它实际上加深了拟人化的程度，可被看成“拟神化”。

欣赏这首诗时，除了激赏作者形象生动地描述及时春雨滋润万物的手段高明外，还应该向诗人关心农事、关心民生的思想致敬。诗人关心及时所下的春雨对作物的滋润，间接地反映了作者悲天悯人的一种情怀。

此外，“润物细无声”是一句妙句，它细致入微地描写具体的教化过程。因此，用它来形容子女在家长的教诲下，品行日趋完善；学生在老师的教导下，持续地进步，也是非常贴切的。所以“润物细无声”的过程，充满了温馨。

(二十五)

绝句

唐 · 杜甫

迟日江山丽，春风花草香。

泥融飞燕子，沙暖睡鸳鸯。

那迟迟升起的太阳使得江山明媚秀丽，那和煦的春风吹得花草飘香万里。春天到了，冰冻的泥土开始解冰融化，南飞的燕子啄泥作巢，在暖烘烘的沙滩中，更有鸳鸯成双成对地睡着。

这是描写春天的诗句，分别从江山的变化、花草的变化和气温等的变化来说明春天到了，所用手法是用具体来说明抽象。

有其他的文字，把迟日注释为春日，我们这里把迟日说成了迟迟升起的太阳，应该是正解，为什么要这样说，实际上在春天的时候，当太阳出了好一会儿后，气温才会升高一些，才会出现解冻和沙土暖和起来等的情况，而且此时光线才更好。所谓阳春布德泽，万物生光辉，才能有“江山丽”的可能。在诗句中，“沙暖”对应于“迟日”、“泥融”也对应于“迟日”。所以，这样的理解应该更合理。

(二十六)

江雪

唐 · 柳宗元

千山鸟飞绝，万径人踪灭。

孤舟蓑笠翁，独钓寒江雪。

柳宗元的《江雪》诗，表面上看，好像只是说天寒，实际上它深刻地反映了世态的凄凉和诗人内心的孤独。从字面上可解释为：因天寒，山上的飞鸟都躲起来了，就见不到鸟的踪影，在多条路上，也找不到人们出行的踪迹。但有一只孤零零的小船和一位戴着蓑笠的老人，他独自在江边钓江雪。

从表面上来看，这是一个矛盾的说法，既然鸟飞绝、人踪灭，那么哪里来的孤舟和蓑笠翁。但作者通过书写这个来反映出蓑笠翁的“千万孤独”（诗的每一句的头一个字连起来，就是这四个字，它类似于藏头诗）。前面两句如同“蒙太奇”的手法，展现出了一种寂灭而令人窒息的场景，为后面的个体出场做了很好的铺垫和反衬，更能突出蓑笠翁的那种孤独而不屈的风采，大有“世人皆醉，唯我独醒”的气概，可以看成是作者凌然正气的写照。是“诗言志”的一种具体体现。

如果把它看成在政治生态下的境况，那么它反映了柳宗元在永贞改革失败后的仕途实景和内心的感受，它体现了诗的深度。

（二十七）

枫桥夜泊

唐 · 张继

月落乌啼霜满天，江枫渔火对愁眠。

姑苏城外寒山寺，夜半钟声到客船。

张继的这首诗非常著名，他描写了在秋月的某一个上旬日，乘舟旅途到苏州城外的寒山寺边上，停泊在枫桥过夜时的情景和感受。诗句的大意是：月亮落山后，乌鸦正凄厉哀啼，更有那寒霜满天，在枫桥所横跨的江面上有渔火闪烁点点，我们对着渔火在愁绪中憩息睡眠，（在一片寂静中）时不时地传来寒山寺击钟的声音，那钟声是那样的悠远绵长，让游子愁绪的心情更沉重。

在深秋的上半旬，月亮在前半夜就下了山。随着月亮下山。天更加的黑，环境更加的寂静，那闪烁的豆丁渔火忽明忽暗，更增加了一种愁绪和不安，更有梵钟所传的悠长的钟声。用声音来衬托寂静和忧愁，把旅人飘零江湖的一种悲苦和无奈表现得淋漓尽致。

这首名诗与苏州有关，据说早在北宋的时代，就有人把诗句刻于石碑。到了明朝，更有著名的书法家董其昌，把这首诗书写后刻成石碑立在苏州寒山寺中，成了文化瑰宝。在抗日战争时，苏州沦陷，日本人就很想得到这块石碑。寒山寺的僧人为保护它留下了一段可歌可泣的故事，为后世留下了佳话。可见这首诗的影响有多大。

（二十八）

陇西行

唐 · 陈陶

誓扫匈奴不顾身，五千貂锦丧胡尘。
可怜无定河边骨，犹是春闺梦中人。

为打败匈奴奋不顾身地浴血奋战，但遗憾的是，有五千多士兵战死在匈奴兵的刀下，这些都是父母、妻子和儿女等故乡亲人思念对象的年轻士兵，就只好葬身在无定河的边上。尤其是他们年轻的妻子们，只知道丈夫应征打匈奴去了，在闺房之中等待着他们的凯旋。但谁能料到，这些常常入梦的士兵，早已在无定河边成了一堆堆的白骨了。

这是一首沉痛的悼亡诗，把士兵战死沙场的凄惨场景沉痛地表达了出来，更是控诉那些穷兵黩武的家伙，不顾士兵的死伤，弄得很多的人家家破人亡，产生很多的寡妇和孤儿。

这真是句句控诉，字字是血。

有一位京剧大师程砚秋，他深感于所处时代的战乱不断，根据这首诗，演绎了一个非常著名的京剧曲目《春闺梦》。用亦真亦幻的手法，把诗句所表达的意思细致入微地展现了出来，非常感动人。

（二十九）

游子吟

唐 · 孟郊

慈母手中线，游子身上衣。
临行密密缝，意恐迟迟归。
谁言寸草心，报得三春晖。

这是著名的孝子诗，孟郊很小的时候就失去了父亲，是慈母含辛茹苦地把他养大的，他对母亲的感情非常深。当他为求功名，准备外出时，母亲为他准备行李，缝补衣衫，把对儿子的思念都缝在了一针针的线中，那是一份无言的爱，似乎每一针都有母亲的祝福和思念。孟郊用针缝线这非常具体和细微的事情，来描写母亲对儿子的爱，可谓是以小见大的手法用得恰到好处。另外，他又用三春的太阳对寸草的照顾和恩泽的施与，来形容母亲对儿子的爱的伟大。更把这种母爱很好地衬托了出来。

整首诗虽只用三十个字,但似乎成了描写母爱的经典,可想“诗”这种形式的语言表达能力有多强。诗句的大致意思为：虽游子出门在外，但身上的衣服中有慈母缝补的针线，（想起）将出门的时候，母亲一针一针密密地缝补“我”的衣衫，期盼着“我”能尽可能早点回家,“我”想着母亲的爱,内心很感动。母爱是如此的长阔高深,而我对母爱的报答真如小草对三春的春晖的报答一样,是那样的微不足道,母爱是怎样报答都报答不完啊!(这把孝子的形象树立了起来)

实际上,不光是游子,对母爱的报答是寸草心难报三春晖。因为,母爱是人世间最纯真,最不求回报的爱,它是无价的,也不是价钱或什么东西可以衡量的,孟郊的诗深深地打动了天底下母慈子孝的人们的心弦。

还要说的是,孟郊不仅是这样写的,更是这样做的,他的事母至孝的行为更值得人们称道。他是尽最大的能力来敬奉他母亲的,有了这样的孝心和行为,使得他的诗句的情感更丰富真挚,艺术感染力更强。

(三十)

登飞来峰

宋·王安石

飞来山上千寻塔,闻说鸡鸣见日升。
不畏浮云遮望眼,只缘身在最高峰。

王安石的这首诗极具气势,反映作者志存高远的一种豪迈气概,它用平常的话,说出了登高而不被俗流羁绊的道理。诗句的大意是:据说朝上登上飞来峰上的千寻塔,只要等到鸡鸣叫的时候,就可以看到东方的日出。为什么在飞来峰的千寻塔上,能用这样的方式见日出,而他不被浮云遮蔽呢?原因是观日出者身在最高峰,已是无浮云可遮挡他了。

作者通过“登山观日出”的事件来说明这样一个道理:做事时

要站得最高，做得最好，这样的话，那些阻碍因素就没有办法起作用，那样就不被不利因素所羁绊。所以要自强，要通过自身的不断努力，胜过环境的制约，而不是被环境所困，这样就可达到“破云见日”的效果。

阅读这首诗的时候，联想作者的经历和志向，更能感受诗句所展现的豪迈之气。实际上，这位“执拗公”舍我其谁的神态也很鲜活地展现在了读者的面前。

王安石的诗有一个非常鲜明的特点，就是选字的古奥和气势的挺拔，而且以事理见长，虽然他没像黄庭坚等江西派诗人那样标榜要字字都有来历，但从他的具体作品来看，他可称得上是江西派的祖师了。

（三十一）

观书有感

宋 · 朱熹

半亩方塘一鉴开，天光云影共徘徊。

问渠哪得清如许，为有源头活水来。

只有半亩大小的池塘像镜子一样，把周边映衬得很亮堂，天上的云彩与在水面上的倒影一同徘徊，那小池塘的水多么清澈啊！（我）忍不住问，是什么能让小池如此的清澈、纯洁、通明？原因是在小池的源头，有源源不断的活水流进来（充实进来），流水不腐，所以池水清澈如镜面。

这是理学家朱熹的一首诗，它所要表达的哲理是，要使个体不断保持清新和充满活力的条件是在“源头”要有新鲜资源不断地补充，只有这样才能“与时俱进”或吐故纳新。诗句也是以小见大，从半亩大小的水潭清澈的水面映照着天上的云彩，构成一种美妙的图景的现象中，作者寻找产生这种状态的原因，得出的结论是水潭虽小,但它有“活水”不断地补给进来,潭水就活了。所以流水不腐，水面很清澈，能倒映出天光云影，由此作者得出了具有普遍哲理性的结论。

这首小诗很值得读读，做人、求知等都一样。要成为一个开放系统，要有新生“活水”不断地补充；不能故步自封等。

朱熹是理学大师，他格物致知的手段是非常高明的。在这里虽是讲小水塘的水清澈如镜的，但诗的名称是《观书偶得》，似乎是从读书中领悟到的，可见诗中所说的水潭，只是他的设喻而已。从这一点来看，这首诗就是一个具体的理学学案。它告诉人们，在理学的参悟上，也可由小见大，从平常的事物中获得真知。

还要说一下的，这首诗还可看出朱熹理学中的方法论方面的一些端倪，朱熹借助礼记三种的大学一篇文章，指出大学之道，在明明德，在亲亲民，在止于至善，要达到止于至善的终极目标，就需要不断修养，把身体比作半亩方塘，那么通过活水不断流入，才可达到“清如许”，进而达到止于至善。从这首诗来看，他强调从细节着手，这就是切实而支离，这一点不仅陆象山知道，朱熹自已也知道，这首小诗也多多少少地表露了朱熹切实而支离的修为方法的端倪。

（三十二）

论诗

清 · 赵翼

李杜诗篇万口传，至今已觉不新鲜。

江山代有才人出，各领风骚数百年。

虽然李白、杜甫的诗篇被万人传诵，但到如今大家都觉得并不新鲜了。（因为）每一个时代都有新的人才涌现，他们各自引领风骚好几百年啊！

从题目《论诗》来看，本应该是关于诗的总体的论述，但作者用李白和杜甫的诗作为论述的切入点，认为他们的诗在当时是如何的被人喜爱，万人传诵。但随着时间的过去，这些新奇的诗篇就不再令人觉得新鲜了，这两句诗提出了一个问题，为什么李白、杜甫的新奇好诗到现在就不再令人觉得新鲜呢？这为后面的回答打下伏笔，这个答案就是每一时代都会出现杰出的才俊。他们与李白、杜甫一样，他们的好作品同样会引领数百年的文坛风骚啊。

这首诗有问有答，结构完整，文字直白平实，在看似如口语般的文字中折射出高超的文字驾驭能力。它通俗易懂，又具有哲理性，写的手法也很好，做到由点到面，以小见大，尤其是“江山代有才人出，各领风骚数百年”这两句，堪称格言警句，令人印象深刻。这两句确实说出了事物与时俱进的道理，每一个时代的到来，就有属于该时代的风流。就具体的诗文来说，唐诗就是唐代的风流，宋词就是宋代的风流。

（三十三）

乐游原

唐 · 李商隐

向晚意不适，驱车登古原。

夕阳无限好，只是近黄昏。

李商隐的这首诗的意思是：在傍晚时分，心情有点儿沉重，感觉不爽。“我”乘车外出转转散心，来到了古原之地，看着那古原上的夕阳，它是如此的美艳可人，但因已是黄昏，就会很快消失。

这首诗的“夕阳无限好，只是近黄昏”是著名的句子，它在积极中有消极，但更是在消极中有很多的积极因素。此时景致、状态虽好，但因马上要夕阳西下，这美好的景致、状态就会很快消失，引申开来可形容：一个人在得势中非常风光，但是，因时势将变，好时光马上就要完了。这就是在积极中所含的消极；反过来，虽是夕阳西下的短暂时光，但展现出无限好的风姿，活在当下，活出精彩，这就是消极中的积极。

还要说的是李商隐本人所写诗句时的心境，它展现出来的是“意不适”和愁绪。

（三十四）

四时田园杂诗

宋 · 范成大

昼出耕田夜绩麻，村庄儿女各当家。

童孙未解供耕织，也傍桑阴学种瓜。

这首诗，充满着田园生活的情趣，它说到了农家的田园：它们包括了麻田、桑树园、瓜地等，而农家的男男女女有耕田的、纺织的、采桑的、种瓜的。所以既有田园物产，又有辛勤劳作的农民。诗句的大致意思为：农家人白天外出耕地，到了夜间回家后再辛苦地织麻，各村各庄的男男女女都辛勤持家，而很多年纪尚小的孩童因还不能耕田和织麻，他们在桑园里，在桑树荫下也学习怎样种瓜。

全诗通俗明了，显得明快而有田园的乐趣。进一步，通过对农人具体的田园劳作的描述，间接地讴歌了农人勤劳质朴的美好品质，进一步反映了诗人关爱民间，注重农事的亲民的情怀。

与该诗相似的还有宋代翁卷的《村居即事》：

绿遍山原白满川，
子规声里雨如烟。
乡村四月闲人少，
才了蚕桑又插田。

这里的“插田”就是指种水稻插秧，它也充满了乡村农耕的生活气息。

（三十五）

石灰吟

明 · 于谦

千锤万击出深山，烈火焚烧若等闲。
粉身碎骨全不怕，要留清白在人间。

在世间的石灰（我）是如此的洁白纯洁，可不是由石块随随便便地改变而来的，“我”的前身是一块块被千锤万击后，从深山的大岩石中敲击下来的石块，然后被收集起来，通过千辛万苦地搬运，才运出深山。然后，在高温的窑洞里被烈火长期焚烧后，被粉身碎骨，致使形状全都改变，成为洁白纯洁的“我”。只有这样，“我”才能把清白留驻在世间。

明朝的于谦写了这首言志诗，表达的意思为要清白做人，显示正派真君子的风范。他以石灰为比喻，来表达自己“要留清白在人间”的志向，要实现这志向，需要经历很多的苦难和克服很多苛刻的条件。一是要接受被“千锤万击”的困难，其次要接受类似于被“烈火焚烧”的折磨，再次更要有接受被“粉身碎骨”的勇气，这可谓是三大条件。只有满足了这些条件，才能达到“清白”在人间的目的。孟子老早就有这样的话：富贵不能淫，威武不能屈，贫贱不能移。这首诗可被看成是对孟子的名言的一种诠释。

还需说明的是于谦本身的为人也可圈可点，他的为人为这首诗也做了很好的诠释。所以该诗历来为人们所传诵，这多少有点“诗以人传”的意思。

另外，这《石灰吟》非常有意思的是它也写了石灰的具体生产过程，先把一块块的石头从深山的大岩石中凿出来，然后收集起来，运到石灰窑那里，放进窑洞接收烈火焚烧，而且要烧足够长的时间。经历这些过程后，这些原本的石头就会产生质地的改变，粉身碎骨后形成石灰，才能有代表清白的“白色”显现。这石灰的形成，就是“清白人生”的练就过程。

于谦是杭州祠堂巷人，杭州祠堂巷靠近吴山，于谦年少的时候，为了专心读书，就到吴山上的“三茅观”去读书。今天，吴山上的“三茅观”还在，它坐落在吴山第一峰的边上的半山腰上，相对幽静，我们爬吴山有时路过，还进院门在里面憩脚小坐。想起此地曾是于谦读书处，以及读着在他塑像后壁上的《石灰吟》诗句，真是别有一番感慨在心头。

（三十六）

游园不值

宋·叶绍翁

应怜屐齿印窗台，小扣柴扉久不开。

春色满园关不住，一枝红杏出墙来。

这首诗的后面两句非常有名，它从一枝红杏的“出墙来”，反衬当时的春色满园和繁华锦绣。

诗句的大致意思是：在窗台前，因有人留下屐鞋的犬齿印而令人惋惜，（“我”）站在园门口，敲了很长时间的门，但园内无人应答，终至“我”没法进园赏春，但我看到了伸出墙外的一枝红杏，花儿在枝头正怒放着，不难想象那园中一定是春意盎然和满园的春意闹的（无法入园赏春的遗憾似乎也少了好一些）。

“一枝红杏出墙来”，虽见到的仅仅是一枝红杏而已，但能推断出满园的春色，可谓是“红杏枝头春意闹”。虽想游园而未能逐愿，但因看到一枝红杏，而不枉这次的游园之想，从遗憾中感受到一些宽慰，从失望中也得到一些慰藉和希望，更用以小见大和由此及彼的手法，间接地说明了此时的春满人间。虽诗的题目是《游园不值》，但从所感受到春的气息来看，游园还是有所值的。

这首诗并不是从正面来写万紫千红的春天景象，而是通过一枝红杏的春的气息，来传达春满人间的信息，表现手法是很高明的。这种方法类似于园林艺术中的“漏景”的手法。可见从艺术的角度来看，它们是彼此融通的，所以它们可以互相借鉴启发。

（三十七）

苏幕遮

宋·范仲淹

碧云天，黄叶地，秋色连波，波上寒烟翠，山映斜阳天接水，芳草无情，更在斜阳外。

黯乡魂，追旅思，夜夜除非，好梦留人睡，明月高楼休独倚，酒入愁肠，化作相思泪。

这是范仲淹的一首著名的词，主要写相思之苦。它把景与情很好地融合起来，通过景的凄然，来带出情的苦楚，无论是离别的亲子情，还是离别的夫妻情，都是一个在家乡，思念远游的亲人。一个在旅途中，思念在家的亲人。每每到了黄昏和夜间，独自睡眠中思绪在离别的亲人身上打转，致使很难入眠。更有入愁肠的酒，都点点滴滴地化作了相思的泪，这份相思之苦是多么的点滴凝重。

这首词的大致意思为：在深秋时分，天是那么的高远，更有黄叶满地。秋风吹皱的水波被寒烟笼罩，更荡漾着淡淡的愁绪。夕阳映照在山边，一望无际的水面与天际相连，看起来芬芳的小草遥远得好像在斜阳的外边。思乡的愁绪，在旅途中是那样的强烈，致使夜不能眠，除非有好梦把睡意留住。在睡不着的夜晚，不要独自依偎在高楼上对月思乡而饮酒，那酒流入愁肠就会化作了相思的泪水。

柳永有词句，说是："多情自古伤离别，更哪堪零落清秋节"这首词可以看成这两句词的具体展开。但是，它的气象应该更开阔，因为范仲淹是一位驻守边防的将帅，他拓展了一般的词的表达内容。若这个追旅思的"旅"被看成是军旅，那么这阕词就反映了士兵远离家乡，驻守在边陲，在秋天思念亲人（父母、妻子、儿女等）的情感表达。

此外"碧云天，黄叶地"等已成了描写秋天萧杀的一种经典，在《西厢记》中也有类似的句子。

（三十八）

浣溪沙

宋·晏殊

一曲新词酒一杯，去年天气旧亭台。夕阳西下几时回？

无可奈何花落去，似曾相识燕归来。小园香径独徘徊。

这首《浣溪沙》虽是怀旧之作，但从怀旧中感叹时势转换后的物是人非，所以也是感伤之作。这词的大致意意思是：在黄昏时分，在满园香花的亭台前喝着美酒，填了新词，此时的天气与去年的很相似，此时面对着西沉的夕阳，忍不住问道："你什么时候再回来？"这真是好时光已经不在，在徒感无奈中，美丽的花朵纷纷落下，又好像是旧时相识的燕子又飞了回来。在倍感落寞中，只好在花园中两边都是香花的小路上独自彷徨徘徊。

词的上片中，词人在花园中赏玩，天气与去年的相似，亭台还是去年时的亭台，但作的是新词，以此来反衬出，与作者一起在花园中的赏玩的人员已不是去年在一起的人员了。所以，明的是写与去年的相同物，暗的来衬托出与去年不同的人，由此引发了下一句"夕阳西下几时回？"其中"夕阳西下"有双重意义，一是指此时的具体时间，二是借西下的夕阳这具体的事物来表达作者希望能与去年在一起的人的重聚。把一种伤怀和思念表达了出来。下片是对上面设问的回答，用了"无可奈何"，来表人的无能为力，下接"花落去"，用时令一到，本是姹紫嫣红的繁花随风纷纷飘落的状态来形象地表述"无可奈何"的状态。同时，"似曾相识燕归来"从反面来说明同样的意思，"燕归来"就是去年南飞的燕子重归旧窠，所以是似曾相识，但燕子归来也是需要一定的时令条件的。这个时令条件就是时势，人在它面前同样是无能为力的。有了这正反的说明，这时的作者似乎已经明白了其中的道理。最后用"小园香径独徘徊"作结束语，把一种感悟、两种感怀、三种思念、四种无奈都以尽在不言中的方式表达了出来，这"独徘徊"的"独"字更是突出"物在人去"或"物是人非"的状态，作者在徘徊中找到了前面设问的答案。

"无可奈何花落去，似曾相识燕归来"是一对名句，它有多方面的意涵，它可表现为一种"趋势"，一种发展方向。很多时候，我们面对这种趋势的时候，是被动的，它让我们力所之未及。我们要认识这种趋势，要掌握这种变化，也就是要化被动为主动，学会因势利导，顺应时势。

此外，夏承焘等对这词也作了很多赏析。夏承焘在他的《唐宋词欣赏》中对它的分析有几个论点值得商榷，一是“夕阳西下几时回”的“夕阳西下”看成了纯粹的比喻，说成是“从前的一切，已如‘夕阳西下’，成为不回的过去了。”我们认为，“夕阳西下”不仅交代了具体的时间，同时作为在此时此景的一个具体物件，被作者拿来设问,并不是单纯的比喻。二是,夏承焘所说的“从前的一切”，不仅包含了旧亭台，还需包括喝酒填词的作者，如果按照他的解释，难道这些也已过去不回？我们认为，这对不再回的并不是去年的一切，而是去年与作者在一起的人和相聚的氛围。三是对“小园香径独徘徊”的理解，夏承焘认为这一句是作者的懈笔，原因是前两句成联为强句，这一句显得较弱。我们认为，这一句是妙句，妙在它的含蓄，妙在它给读者留下了很多的想象和思索空间。读者读到这里，自然要问为什么独徘徊，徘徊中在思考什么，是对天气、对亭台、对人、对喝的酒、对填的词，还是对夕阳有所思、有所想？还是对“无可奈何花落去”“似曾相识燕归来”的感悟？等等。除此外，因这“独”字，把一种伤怀和怀旧表达得很传神。这种艺术手法，类似于绘画中的“留白”，这看似留下大片的空白，是懈笔，但实际上包含丰富的意蕴，是高妙的手法。

（三十九）

蝶恋花

宋·晏殊

槛菊愁烟兰泣露，罗幕轻寒，燕子双飞去。

明月不谙离恨苦，斜光到晓穿朱户。

昨夜西风凋碧树，独上高楼，望尽天涯路。

欲寄彩笺无尺素，山长水阔知何处！

整首词的大致意思可表达为：清晨栏杆外的菊花笼罩着一层愁惨的烟雾，兰花沾露似乎是饮泣的泪珠，罗幕之间透露着缕缕轻微的寒意，燕子双双从罗幕间飞去。皎洁的月亮不明白离别之苦，斜斜的银辉一直到早上都穿过红红的门户。昨夜里，西北风吹得真起劲，把树叶都吹得枯黄凋零，"我"独自一个人上了高楼，向天际望去，可谓是望穿秋水。我很想寄上我的信札，但因山很长，水很阔，不知道寄往何处。

这首词的写法很特别，先写秋天早上的景，再用类似于追忆的方式，写昨夜思念的情，以景带情，通过有形的景的描写，来表达无形的情的渲染。上片中的首句，说到的是槛菊和兰花，它们在秋天的早上是"愁烟"和"泣露"，可见情感是凄苦悲切的，这是静态的，然后写动态的燕子穿过罗幕双双飞去，它有指代意义，用燕子的双飞，来反衬留下的人的孤单。这独留下的人忍不住要对月亮发牢骚了，埋怨明月根本不明白离别的苦，明月不解人的相思之苦，月光穿过门户一直照着，到早上（晓）才停止。作者在这斜斜的银辉中因相思而辗转，不仅为他登上西楼望尽天涯路提供了条件，而且因月光的在，反衬作者所思念的人的不在。作者面对的是静好的明月，它成了作者吐露衷肠的对象，所以才有埋怨它不熟悉离恨苦的牢骚话。词的下片是从早上的情景回到昨夜的情景，那"西风凋碧树"所说的虽是有形的秋的肃杀，同样也指这相思之苦对人的情感的折磨。虽然秋风凛冽，但因相思，作者夜不能眠，"独"上了西楼。这"独"字不仅指有形的孤身只影，还指情感的孤独，更与上片中的"燕子双飞去"中的"双"相对应。作者登上西楼，希望相思的人能出现在面前，因用了"望"，所以要有光，这与上片中的“明月”相对应，但“望”是望不到，怎么办呢，只剩下写信这一途径了，这就是“欲寄彩笺”的意思。紧接着是“无尺素”，也就是这信又无从写起。究其原因，且是“山长水阔知何处”，这既是离恨之苦、相思之苦，但又无法与相思之人取得联系。作者给出的理由是连绵不尽的山和广阔无边的水，让人无从知晓具体的地址。显然这只是一种托词，实际上应该还有很多不便、不能说出的难言之隐，用最后一句把它们都挡过去了，起到了言尽而意未尽的效果。

这首词还有一个特点，把独自相思的思绪用叹“西风吹枯绿叶”、怨“明月不谙离愁苦”“孤独上高楼”“凭栏独自远眺望”“寄信件”等从景到情一步步展现出来，最后用“知何处”把这一切都予以否定，进一步展现沉重的离恨心情。所以具有极强的艺术感染力。

此外，“昨夜西风凋碧树，独上高楼，望尽天涯路”的词句，可看成是晚唐李中的“梦断美人沉信息，目穿长路依楼台”的一种转化，它还可用来形容那“不怕环境差，不怕孤独，不畏风险，并孜孜以求、穷经皓首地探究学问的过程。”所以，被王国维先生拿来形容做学问的第一道境界。成为指导如何窥探独自做学问的门径，历来为人们所称道。

还需指出，对“昨夜西风凋碧树，独上高楼，望尽天涯路”中的何时登楼有不同的理解。在这里，我们把“独上高楼”放在夜间，以强调作者夜不成寐，辗转思念，突出他的离恨之苦，同时与明月和斜光相对应，是作者一夜相思所包含的内容。但沈祖棻在《宋词赏析》中认为，登楼时间应该在第二天的早上，是一夜相思后的行为。这里，把这两种不同的理解都罗列出来，以供读者的明鉴。

（四十）

临江仙·夜归临皋

宋·苏轼

夜饮东坡醒复醉，归来仿佛三更。
家童鼻息已雷鸣，敲门都不应，倚杖听江声。
长恨此身非我有，何时忘却营营？
夜阑风静縠（hú）纹平，小舟从此逝，江海寄余生。

苏轼历来被看成是豪放派词的代表作家，给人的一种直觉是他只是写豪迈的诗词。但实际上，他有很多婉约缠绵的诗词，也有富有哲理的诗词，更有清新可人、富有生活情趣的词和诗，他丰富的创作实践，为拓展词的创作的题材和内容作出了非常有意义的探索，获得了很高的成就。

这首词的大致意思为：夜间在东坡上，我饮了很多的酒，醒醒醉醉直到三更时才回家，到了家门口，家里的仆人已睡得很沉，听到他的鼾声响得如雷鸣一般，而我怎么敲门都没有人来应声开门，只好拄着拐杖，在门外听江上的波涛声。

此时此刻，我思绪万千，长期以来，我常恨自己身不由己，处处仰人鼻息而受制于人。什么时候能忘却自己的处境而身心自由。到夜深风平浪静的时候，我携着一叶小舟，与这些羁绊都一一告别，在江湖中快乐地度过余生，那该多好啊！

这首词意在表现人生的不易，以及对归隐林泉、放浪江湖的向往，是作者在仕途失意后，厌倦官宦生涯。在一般人看来，他有逃避现实的消极倾向，但回归自然，生活在毫无拘束的天地之间，汲取浩然之气，未尝不是一种积极的生活情趣的体现。很多时候，通过自然的陶冶，人生可获得新的力量。从这种意义上说，无论年纪如何，都要感知自然，把自然作为一种庇护自己，获得自由，提升自己的重要工具。基于这样的考虑，“江海寄余生”可被归结为信仰以自然为基础的一种宗教，它更是人类疗伤和治病的良药。

所以，这首词虽有对现实的失望，但更多的是对身心自由的渴望，在看似消极中展现积极，尤其向往回归自然这一点上，可与陶渊明的《归去来辞》相媲美。

此外，胡适先生很喜欢这首词，他把“家童”理解为家里的儿童，并认为词中的“家童鼻息已雷鸣”是不合实际的，这一句是苏轼的懈笔，针对他的观点，我们有专门的文章加以具体剖析。[见本部分附录]。

（四十一）

浣溪沙

宋 · 苏轼

山下兰芽短浸溪，松间沙路净无泥，萧萧暮雨子规啼。

谁道人生再无少，门前流水尚能西，休将白发唱黄鸡。

这首浣溪沙的词，除了清新活泼外，更展现了不怕年岁老去，而努力向上的精神风貌。词句的大致意思为：山下的小溪，因水位上涨而把刚出芽的兰芽浸没了，那松树林中的小路因雨水的冲洗，干净得没有了污泥。在傍晚时分，春雨中有子规鸟的带血哀啼。

哪个人说，年纪老去，就再也没有使人感到年轻有力的时候了。看呐，门前的流水尚且能从东面流向西面。所以，请不要自怨自艾，把自己看成白发丛生、一无是处的老人。

上片三句写景，兰芽短浸溪，沙路净无泥，原因是它们在暮雨之中，因为暮雨，在山下的小溪中有了水，而且水都涨了上来，浸没了兰芽。同样的因为雨，它们把泥沙路中的泥给洗净了。这似乎告诉人们，因为暮雨，使得本来不会发生的事情发生了（溪水浸没了兰芽，沙路消除了烂泥）。它起到了因比起兴的作用，为下片三句写理的词句的出现打下伏笔，下片的第一句“少”字，不是指时光的倒流、年迈了还返老还童，而是指具有少年人的精气神的意思。接下来用“门前流水尚能西”来说明，在特定的条件下，如同本来应该自西向东流的水流，可以逆转方向，变成由东向西而流，以此来说明虽然年纪老迈，但在一定条件下也可做到如少年人一样的精神焕发。最后一句实际上既是告诫，又是鼓励。这样，整首词上下片互相对应，构成一个有机的整体。

还有，这首词在语言上也富有特色，主要体现在整首词朗朗上口。读者在朗读过程中，在不知不觉间就会感受到老当益壮、自强不息的乐观精神，让人为之振奋。

（四十二）

卜算子

宋 · 苏轼

缺月挂疏桐，漏断人初静。谁见幽人独往来，缥缈孤鸿影。

惊起却回头，有恨无人省。拣尽寒枝不肯栖，寂寞沙洲冷。

这首词非常著名，道出了良禽择木而栖的过程，把那种天下皆昏昏，而“我”独察察的寂寞之情，写得凄楚悲怆。对这词的理解，特别需要注意的是，要把“孤鸿”看成幽人，看成一个择木而憩的凤凰，推而广之，把它看成是选择明君的良臣，甚至是选择出路的待业青年。为了寻找自己的前途，没日没夜不间断地寻寻觅觅，在这个过程中凄楚难言，受尽惊吓，只好不停地更换栖息地。

这首词的大致意思为：那残月孤零零地挂在疏朗的梧桐树梢边

的时候,正好是(计时的)漏更将要漏完,而人们开始安静下来憩息。有谁看到那幽人独自来来去去，它是那样的缥缈和影形孤单。孤影的“幽人”被惊起，它不停地回头,“幽人”有很多的愁恨，但没有人明白它。它找遍了可用来栖息的寒枝，但都不合适，只好飞到又冷又荒芜的沙洲去栖息。

上片讲孤鸿择枝而栖息的过程，交代了时间，是漏断初更时分，更为突出这个时间点，加上了“缺月挂疏桐”，说明不是月圆时分。同时桐树林的枝条非常疏朗，可从树枝条的间隙中见到这不圆的月亮，给人一种桐树枝条上挂着月亮的感觉。这里的“疏桐”不仅是对挂缺月说的，同时也是对孤鸿拣寒枝来说的，它实现了前后的对应。接下来的两句则是说明孤鸿，也就是幽人独自拣枝栖息，“独往来”与“孤鸿影”相对，外加前面的“人初静”，这样，实际上至少从三个方面来说明“幽人”的凄苦孤独，身单影只。下片写这孤影的拣枝而栖息的艰辛过程，“惊起且回头”显然是在拣到某个枝条后的一种动作，好不容易找到一个枝条，停了下来，且突然被惊起，只好不停回头探望，这就是被惊吓。除了被惊吓。还有满腔的悲愤和怨恨，但又苦于没有地方倾诉和没有人了解，这是精神层面上的孤独，是无形的孤单，对应于上片词中的有形的孤单。最后，一遍下来，居然连合适的寒枝都没能找到，这更加重“幽人”的悲苦和绝望，它只好到又寂寞有寒冷的沙洲去栖息。到此，这“幽人”的无望、无奈更是添了一重又一重。让人有说不出的凄凉的感觉。

把这首词所塑造的“幽人”形象与苏轼自己一生的官宦浮沉和人生志趣对应起来，不难发现，苏轼的人生就是一个“幽人”寻找能发挥自己绝世才能的栖息地而最终无果的过程。但他怀抱理想，矢志不移，虽拣尽寒枝，且都没法栖息，致使最终度过了寂寞缥缈的一生。这首词也让人对苏轼本人生发出很多的同情之泪。除此外，它几乎成了很多空负一腔壮志和本领，不被世所用的人们的共同的写照。人们惋惜“幽人”“拣尽寒枝不肯栖，寂寞沙洲冷”的悲哀，但也应赞赏他们坚持自己理念的傲气和傲骨。

（四十三）

浣溪沙

宋 · 苏轼

菊暗荷枯一夜霜，新苞绿叶照林光。竹篱茅舍出青黄。

香雾噀人惊半破，清泉流齿怯初尝。吴姬三日手犹香。

这是一首写橘子的著名词篇，把橘子成熟的时间，橘子的外形、颜色、皮、肉质、气味等都写出来了。词的大致意思为：在菊花将谢、荷花早已枯萎的深秋时分，夜间霜降以后，在第二天，橘林中挂果和绿叶之间充满了晨曦的太阳光，橘林边的竹篱笆和茅草屋被果实的青黄色所映照。吃着剥去皮的橘子，在嘴里，被咬破的橘子突然喷出了香甜的如雾般的汁水，它是那样的沁人心脾。刚吃到橘子时，橘子肉更化作了一股清泉在牙齿间流动。善于剥橘子皮的吴地美女们，因为她们用双手剥了橘皮，哪怕三天过去了，她们的手上还留有橘子的香气。

这首词上片说的是挂在树枝上的橘子，尤其用“竹篱茅舍出青黄”这一句，也就是通过竹篱茅舍中映出来的青黄色，来说明橘子的颜色已经由青变黄了，不仅表明橘子已经成熟，而且表明橘子的大丰收。下片主要通过如何剥皮吃橘子的过程描写，通过说明橘子的香、甜，和水分足，来突出吴地的橘子品质好。这里有两个香字，前一个意在说橘子肉的清香，后一个香字说明橘子皮的香气。通过这两个香字，以说明这吴地的橘子品质好，让人口齿留香。

苏轼写有好多以《浣溪沙》为词牌名的词，它们大多咏物论事说理，把日常的所见、所闻、所感等记录下来，往往展现活泼、清新、自然和隽永的特点。这些也是苏词中重要的组成部分，它们在苏词中也形成了不同于豪放等特性的风格，也应该引起足够的关注。

（四十四）

行香子

宋 · 秦观

树绕村庄，水满陂塘。倚东风，豪兴徜徉。

小园几许，收尽春光。有桃花红，梨花白、菜花黄。

远远围墙，隐隐茅堂，飏青旗、流水桥旁。

偶然乘兴，步过东冈。正莺儿啼，燕儿舞，蝶儿忙。

秦观的这首词，用的都是三四个字的句式，在春天中，有村庄、水塘、小园、桃花、梨花、菜花、围墙、茅堂、青旗、小桥、东岗、莺鸟、燕子、蝴蝶等，把静的、动的都一一写活了。整首词写的都是无“我”之景，但因“倚东风，豪兴徜徉”和“偶然乘兴，步过东岗”这两句，可见所写也是有“我”，至少是以“我”的视角来感受这山脚村庄边的春光景色和气息的。

整首词的大致意思为：村庄四周有高大的树木环绕，有坡度的池塘中春水满溢，（“我”）荡漾在春风里，怀着很高的兴致外出赏春。看那好几个小园，它们把春色都廓清了。那桃花红得漫烂绚丽，梨花白得纯洁高雅，菜花黄得金光闪耀。在那远远的围墙边，有若隐若现的茅堂，在流水桥边，有青色的旗子在风中飘扬。（“我”）乘着好兴致，信步走过了东岗，在那里，有黄莺啼鸣，燕子飞舞，蝴蝶儿正翩翩起舞得忙。

分析这首词的结构，不难发现，上下两片是各有侧重的，上片主要写在春天里的植物的状态。在给出村庄和水塘的特色以后，作者在豪兴徜徉下，描述了小园中满园的春色，分别用“桃花红”“梨花白”和“菜花黄”加以以点带面地说明。下片在介绍了围墙、茅堂、青旗、小桥后，以东岗外的能飞的小动物在春天中的表现的描写，来刻画春的气息，用“莺儿啼，燕儿舞，蝶儿忙”这三个短句来具体描写，尤其写成莺儿、燕儿和蝶儿、把这种亲昵的气息表现无遗，进而突出了对春的喜爱，这多少有点爱屋及乌的味道。

还值得说说的，全词用短句，本身就有音乐性，且易于配音乐和吟唱，而且气息流畅，显得清新活泼，这一点也是这首词的显著特点。

今天，生活在城市的人们，读着这样的诗词，内心一定是非常向往这种美景的。但在现实中，已经很难再找得到了。

（四十五）

鹧鸪天

宋 · 李清照

暗淡轻黄体性柔，情疏迹远只香留。
何须浅碧深红色，自是花中第一流。
梅定妒，菊应羞，画栏开处冠中秋。
骚人可煞无情思，何事当年不见收。

这是一首专门描写桂花的词，是词中的上上品。

李清照把桂花提到了很高的地位，这词的大致意思为：（桂花）它色暗淡，形体淡黄且性情柔和，情致疏朗更因留香而把痕迹传得很远。它不必像其他的花一样用淡绿鲜红来点缀自己，本身就是花中的一等一的高品。梅花一定会妒忌，菊花应感到羞愧，在中秋前后，它是花中之冠。诗人（屈子）在收集名花比喻君子美德的时候，为何没有想到桂花，是什么原因不把它也收进去的呢?

这里最后两句用了一个典故，并语带双关。典故是指，当年诗人屈原收集著名的花卉，用来比喻君子修身的美德，所收集的花卉中没有桂花,所以有“何事当年不见收”之句。此外,收集珍贵花卉，如同选拔人才，桂花如此有才，不被选中，喻指怀才不遇，有漏珠之嫌。所以有对骚人的埋怨，说他们缺少情思，缺少对是否是人才的评判的慧眼。这骚人既可是选拔人才的官员和机构，当然也指那具有决定权的君主了。所以，李清照并不是只关心自己闺阁之内事情的词人，这首词至少说明她了解桂花、了解民间，同时也关心民族和国家。尤其在国难当头，在她自身处于逃难的境况下，希望朝廷选用人才，尤其选用合适的帅才，统兵打仗，以收复失地。从这种意义上来看，在这首词中也体现了离黍之悲，这可与她的一首五言诗“生当为人杰，死亦为鬼雄，至今思项羽，不肯过江东。”对照着读。

（四十六）

卜算子 · 咏梅

宋 · 陆游

驿外断桥边，寂寞开无主。已是黄昏独自愁，更著风和雨。

无意苦争春，一任群芳妒。零落成泥碾作尘，只有香如故。

这是陆游著名的咏梅词，因格调高，历来被人们所喜爱。这首词的大致意思是：在驿站外边的断桥处，没有归属的梅花孤零零地绽放着花朵，虽是让人愁绪满腹的黄昏时分，孤梅独放凭地添加了几许忧愁，更不要说，那风是风、雨是雨般的凄苦了。梅花它没有想与春天的花卉争艳之意，任凭其他的花儿嫉妒。当它凋谢落地化作尘泥的时候，它的香气仍还在，与原来花朵盛开时一样的香。

词的上片写梅花的生存地点和周边环境，“驿外断桥边，寂寞开无主”这两句说明梅花身处在较偏僻的地方，外加黄昏和风雨，它的处境更是荒凉，遭遇更是凄惨，以突出梅花的多重摧残。词人以梅花自喻，那些加在梅花身上的遭遇和摧残就暗喻作者所受到的多重排挤和迫害，也预示着作者处境的寂寥和不如意。下片主要写梅花的品质，一是无意与妒忌它的其他花争胜。二是，就是飘落变成泥，被碾碎变成尘，同样保持原来的品格——“香如故”。这样把梅花的独立独行，永葆高贵的品行的格调突显了出来。

所以，从整首词来看，通过作者这样多角度、多层次的描述，把梅花的不畏严寒、不怕孤独、不怕风雨、沉静自信，特立独行、永葆本色的特质表达了出来。这些拟人化的表述，说的不仅是梅花，更是具有高尚品质的真君子。

还需说明的是，倘若词中的“断桥”就是特指杭州西湖边的桥，那么作者所写的就是西湖边的梅花，这是可信的。因为在宋代，西湖边的梅花已经很多，如北宋的林和靖隐居在西湖的孤山上，就有“梅妻鹤子”的雅称。

还可说一说的是，在今天的西湖断桥边，那向南边的堤岸上，还有几株梅花。它们在寒冬腊月里，迎着凄厉的北风，身影十分单薄孤寂，但似乎也早早地在那里开出了红色的花。我们当然知道这些不是陆游时代的梅花，但它们是如此的符合这首词的意境，这是巧合，还是别有深意，令人不得而知。

（四十七）

青玉案 · 元夕

宋 · 辛弃疾

东风夜放花千树，更吹落，星如雨。宝马雕车香满路。凤箫声动，玉壶光转，一夜鱼龙舞。 蛾儿雪柳黄金缕，笑语盈盈暗香去。众里寻他千百度，蓦然回首，那人却在灯火阑珊处。

这是首描写元宵节灯会中寻找意中人的词，它的大致意思可解释为：在上元节（正月十五）的夜晚，很多的树枝上挂着彩灯，它们在东风（春风）的吹拂下，如同星点万千，更像是雨点万千。陆陆续续来观灯的人，或坐宝马，或坐雕车，把整条路都塞满了。那更有饰着凤形的箫吹出的声音随风传播得很远，玉雕的壶灯跟着光影转动，鱼灯、龙灯舞了整一夜。穿戴得非常华贵美丽的美人迈着轻盈的步态，面带微微的笑，香气随着人的走动，消失在观灯的人潮中。在灯会的人众中，（“我”）千寻万找着心仪的美人，突然转过头来，那美人就站在灯光较稀少的地方，对着我笑。

这首词非常著名，它写元宵时节观灯时的盛况，并描写了在闹猛的灯会中寻找意中人的情景，间接反映作者心志高远和在现实中才智难以施展的苦恼。词的前三句“东风夜放花千树，更吹落，星如雨”写灯会中的灯多、灯火多，它们如万点星点，万千雨点那样。第四句“宝马雕车香满路”写来观灯的男男女女的人多。接下来的三句“凤箫声动，玉壶光转，一夜龙蛇舞”以突出舞灯的人多舞灯的时间长。这七句从多个方面尽力渲染出灯会的热闹，以突出一个多字。然后用“蛾儿雪柳黄金镂，笑语盈盈暗香去”这两句来强调美人多，它如同引子，很自然地引出了众里寻他千百度，可见要寻找心仪的美人很难，结合作者的志趣和理想，把它暗喻为寻找志同道合的志士的艰难也未尝不可。最后用“蓦然回首，那人却在灯火阑珊处”作结语，它不仅有千百度与突然之间的鲜明对比，同时又有灯光强烈与灯光冷落之间的对比，以此看来突出所心仪的美人的冷艳、孤高、寂寞，间接地说明自己的不被起用的无奈和处境的寥落寂寞。它把自己在政治上的处境很婉约地表达了出来，这是一种深沉的忧闷和无言的悲怅。

这里的“凤箫声动，玉壶光转，一夜鱼龙舞”中，夏承焘认为玉壶指月光，我们把它理解为“玉雕的壶灯跟着光影转动”，之所以作这样的解释，是因为它对应于前面的“凤箫声动”中的凤箫，实际上“凤箫声动”与“玉壶光转”是一个对仗。它们指代了元宵灯会中舞灯者所发出的所有声音和光影，然后用了“一夜鱼龙舞”来概括舞灯的盛况。

此外，“众里寻他千百度，蓦然回首，那人却在灯火阑珊处”这三句，被王国维先生引用来描写做学问的第三种境界。王国维是一位非常主重考据的学者，他对考古、甲骨文等有精深的研究，他通过自己的研究实践，认为做学问的第一境界类似于通过“踏破铁蹄无觅处”的思索、研究，然后达到了一定的积累。积累到了一定程度，就会在突然不经意间，在比较不起眼的地方，得到所要寻找的目标。这三句词句，描写这种做学问的过程，有形神兼备的功效。举一个比较典型的例子，如要寻找某个典故的出处，在找了各样的书籍资料之后，不经意间，突然在某个看似平常的资料中找到了，那是何等的欣喜，这种体会就是这三句词句的意境。

此外，很多人认为辛弃疾是一位豪放派词人，不会作很婉约的词，这是一种偏见。辛弃疾这首词非常婉约，它可作为一个例证说明，辛弃疾同样是作婉约词的高手。不仅如此，他还是作富有生活情趣的短小诗词的高手。

（四十八）

西江月 · 黄沙道中

宋 · 辛弃疾

明月别枝惊鹊，清风半夜鸣蝉。
稻花香里说丰年，听取蛙声一片。
七八个星天外，两三点雨山前。
旧时茅店社林边，路转溪桥忽见。

这是一首描写自然景色的小词，它通过夜行黄沙道中的行人的角度，描写了在农历六月前后农村夜间的情景，词写得清新俏丽，别有情趣。大致意思为：夜间明朗的月儿升起，使得树枝的枝条有了晦明之分，从而惊到了在树枝上栖息的喜鹊，在徐徐的清风中，有蝉在不停地鸣叫。盛开的稻花散发着清香，（大家）都说这可是一个丰收年啊，更有那青蛙叫得正热闹着呢。那稀稀落落的七八颗星儿正挂在天边，在山前时而有三两点小雨不期而至，在以前做店社的茅草屋边的树林转弯处，溪水上的小桥就在那边。

上片词写了明月、喜鹊、鸣蝉、人们（农人）、稻花、蛙声，写出了夏初的山间田园的天籁之音，人们（农人）对于丰收之年的殷殷期许。下片词则是描写一个旅人在初夏时分夜间赶路中，在忽雨忽晴的天气中寻找憩脚旅社的情景。全首词的造句很别致，如“七八个星天外，两三点雨山前”它实际上应该是“天外七八个星，山前两三点雨”但作者为了满足所填词的要求，做了这样的处理。从一个点上，反映出了作者高超的文字处理能力，词的风格更现俏丽活泼，展现了更强的艺术感染力。

词的上片写晴，首句“明月别枝惊鹊，清风半夜鸣蝉”是一副对仗句，用“明月”“清风”等来衬托夏夜的晴朗。这里需要对“别枝”做一些特别的辨析，夏承焘在《唐宋词欣赏》里说到它时，认为“别枝”就是离开枝头，与苏轼的诗句“月明惊鹊未安枝”的意思相同。但实际上,这并不是确切的解释,因为分析首句,不难发现，明月才是“别枝”的主语，由此明月的别枝致使惊鹊，它强调的不是鹊的“别枝”,而是鹊的受惊而已。受惊的鹊可能离开栖息的枝头，当然很有可能受到一些惊动，鹊儿晃动或抖动一下身体，仍旧停在原来的枝头上。之所以受到惊动，是因为月亮出来后，使得枝条在月色下有了明和暗的分别。因此，这里的“别枝”应该理解为把本来浑然一色的枝条分别开来，因为明、晦的分别，使得停在枝条上的鹊受到了惊吓而有所反应，从而晃动或抖动了枝条。当然它也不同于“蝉曳残声过别枝”中的“别枝”含义，这里的“别枝”是另一枝的意思。此外，“清风半夜鸣蝉”中的鸣蝉，它可以被看成是夏夜的特征之一，又有清风，再加上明月，这说明这是一个并不是很闷热的夏夜，意在写夏夜的晴朗。而“惊鹊”和“鸣蝉”意在用动和声响来反衬出夏夜的静谧，对照着抗金的时代背景，也多少反衬了这乡间的相对安宁。

在接下来的“稻花香里说丰年，听取蛙声一片”中，已经引进了农人或行路人，一种非常可能的情景就是在夜行黄沙道中的人不止一个，他们几个人同行，边欣赏着明月，边听着蝉鸣，边闻着清香的稻花而交谈着丰收的好年景，同时也听着此起彼伏的一片蛙声，这蛙声似乎也在欢唱着丰收的喜悦。这不仅反映了农人因丰收在望的喜悦，同时也反映了作者（或行人们）与农人同乐的情怀。关于这两句，也有不同的理解，如夏承焘先生在《唐宋词欣赏》里认为，稻花香里说丰年的不是人，而仅是“一片蛙声”，并作了许多解释，讲得也很有道理。但比较起来,这里的理解应该更切题,更合乎情理。

词的下片主要写夏夜的骤雨，它骤然云层密布，把本来晴朗的夜空变得只有七八个星星从云层中透漏出来。然后，就是稀稀落落的雨点洒落下来，这正是夏天骤雨骤停的情景。这多少让正在行走在黄沙道上的行人们有些许的紧张和慌乱，不知在哪里可以暂时避雨,正在发愁的时候,看到了“路转溪桥忽见”的茅店社林。这路转，不仅是实指的道路转弯，还隐含着因为茅店社林的出现，作者原本紧张犯愁的情绪也得以纾解，从愁转成喜悦，所以它具有双重含义。

还需指出，从王国维先生的《人间词话》的角度来看，这里所写的夏夜是“无‘我’之境”，但实际上又处处有“我”，通过夜行黄沙道中的“我们”的所见、所听（蝉声、蛙声等）、所闻（稻花香）和所谈（说丰年）等来感知夏夜的晴雨和丰收在望的喜悦之情，表达了作者退隐农村的一种状态。

（四十九）

清平乐

宋 · 辛弃疾

茅檐低下，溪上青青草，醉里吴音相媚好，白发谁家翁媪。

大儿除豆溪东，中儿正织鸡笼，最喜小儿无赖，溪头卧剥莲蓬。

这是一首充满生活情趣的小词，它通过描写古代属于吴地的江西铅山、上饶一带的一户农户，在农历七月中下旬的某一日的生活状态，来反映在当地相对安定，但又不失勤劳、辛苦的农村生活。词的上片主要写这家人的居住环境和地点，以及一对互相逗乐的老人。下片写这家人的几个儿子的具体劳作的状态，他们的劳作方式虽然各不相同，但辛劳是一样的，就连本性还很顽皮的小儿，在看似玩耍中还需要剥莲蓬、做家务。

整首词的大致意思可作如下的表述：在溪边长得茂密的青草绿

色可人，有低矮屋檐的小茅草房临溪而立，带着吴地口音的茅草屋主人互相逗趣闲谈，这好听的声音是如此的令人陶醉，满头白发的老头老太是谁家的老人呢？那家的大儿子在溪水的东边豆田里除草，第二个儿子正忙着编织鸡笼，更有那活泼可爱的小儿子，在溪水边躺卧着，边玩耍边剥着莲蓬。

在整首词中，作者以一个观察者的身份来具体描写这一户人家，他们住在临溪的茅屋里，溪边上的青草郁郁葱葱，由此用来说明环境的幽静和人员的相对稀少。然后见到的是屋檐低下的茅草房，这说明这户人家的住处相对狭小和简陋，因为屋檐比较低，房屋也不会高大到哪里去。从环境和居住条件可以推断得出，这是一户清贫之家。以上是具体的所见，接下来，用声音来引出人物。“醉里吴音”，可理解为令人陶醉的带有吴越之地的口音的声音。相：相互；媚：原意是奉承，巴结，这里可理解为体贴、体己和打趣，“相媚”可理解为“互相逗趣”。所以，从所见、所闻中，作者被好听的带有吴地口音的声音所陶醉和吸引，因声寻人。至此，把这户人家的主人——一对白发翁媪引了出来，同时并把他们相亲相爱、彼此体贴、颐养天年的生活状态也表达了出来。词的下片相对易于理解，主要写这对老夫妇的儿子们的劳动状态。这户沿溪而居的人家，他们的生活和劳作都围着小溪打转：在溪东头，大儿子在豆田里劳作；在茅屋边上，二儿子忙着织鸡笼；在溪头上，小儿子顽皮地横卧着剥莲蓬，虽然这小孩还处于淘气顽皮的阶段，但也开始了力所能及的劳作，这一家孩子们勤劳的形象很自然地勾勒了出来。

一般论者认为，辛弃疾把江西上饶一带的农村写得过于安宁和诗化，有刻意美化的嫌疑。但实际上，作者是处于一个被赋闲的中下级官吏的视角来写的，虽因壮志难酬，有退隐乡间的失意之情，但更多的是一种乐观人生的体现，除了有对在艰苦中感受和期盼美好的强烈意愿外，还是对农村的内在萧条有所揭露的。就以这首词来说，无论从词牌名《清平乐》来说，还是从这家人的住房条件和人员结构来说，都可看出内在的危机。茅檐低下，当然是住得逼仄，是经济条件不好的表现。家庭人员中，一对老夫妻已是白发满头，丧失了劳动能力，三个儿子固然勤快，但家庭中没有一个其他女性，如大儿子的媳妇等之类的，这难道不是一种深刻的危机吗？只不过这家人以乐观的心态面对生活，他们饱满的生活热情感染了作者，让他也喜欢上了农村生活。

此外，在这里顺带讨论对“醉里”的理解。有一种观点认为，在这首《清平乐》中，“醉里”可理解为作者喝了酒处于醉的状态，这是因为，在辛弃疾的《破阵子·为陈同甫赋壮词以寄》中有“醉里挑灯看剑”、《西江月·遣兴》中有“醉里且贪欢笑”等都出现“醉里”，它们都被理解为作者处于醉酒状态。但夏承焘有不同的观点，在《唐宋词欣赏》中，他把“醉里”解释为这对白发翁媪的“醉里闲谈”。夏承焘认为，这对老夫妻喝得醉醺醺的状态下闲谈、互相逗乐，这样的解释可展现这对翁媪的安宁生活和愉悦的心情，可间接地写出了整个农村的平静的光景。但实际上，在只听到声音的前提下，是不能辨别出说话人是否处于醉醺醺的状态的。我们给出另一种解释，把“醉里”理解为“令人陶醉”，以此来强调带有吴地口音的互相闲谈逗趣的声音非常悦耳，令人陶醉。由此，“醉里吴音相媚好”可解释为“那带有吴地口音的互相闲谈逗趣的声音是那样的悦耳好听，令人听得陶醉”。相较于夏承焘先生的解释，它应该更合乎情理一些。相较于第一种观点，它也是较合理的。

（五十）

天净沙 · 秋思

元 · 马致远

枯藤老树昏鸦，小桥流水人家，古道西风瘦马，

夕阳西下，断肠人在天涯。

这是马致远的小令，写的都是实景，除了“夕阳西下，断肠人在天涯”这两句里的“下”和“在”，其他的都是用名词加以堆积而成，但它同样产生了很强的艺术效果，这是最有特色的地方。考虑到它的这个特色，它还可以有如下的句读：枯藤，老树，昏鸦，小桥，流水，人家，古道，西风，瘦马，夕阳西下，断肠人在天涯。

整个小令的大致意思为：枯萎的藤枝、苍老的树木和在黄昏时的乌鸦，小巧的桥、流动的河水和几户人家，古时使用的驿道、冷冽的西风、在西风中驰骋的瘦马，夕阳快要下山了，但让人牵挂的人还远在天涯。

这前面所有的实物描写，都是布景式的铺垫，细细分析这三句，很有特色。其一，每一句中，前两个是植物等物件，是静的，后一个才是动的，无论是“昏鸦”“人家”还是“瘦马”，而且这些动的，在前面的静的物件的衬托下，显得异常的凄凉、悲寂，通过三个具体的场景的叠加，来点出，黄昏时分，“断肠人在天涯”的一种空旷、落寞的情致。到该句出现时，把那种凄凉、无助中的思念推到了极致，让人产生强烈的共鸣。

这是一首感怀之作。它用冷峻的笔调，把一幅幅的具体的“图画”呈现在读者面前，读者通过对这些“图画”的阅读，对“夕阳西下，断肠人在天涯。”这个结句产生具体的体验。这种手法，可用《文心雕龙》中的《神思》篇中的“神用象通，情变所孕。”来概括。

（五十一）

怀古

唐·陈子昂

前不见古人，后不见来者。

念天地之悠悠，独怆然而涕下。

陈子昂的这首诗，充满了悲怆和无助。它把孤独的情景描写到了极致：不见古人为同类，也不见来者为同类，那独自孤独地在天地间，没有同类可依归，那一份实实在在的孤独，除了怅然泪下的悲怆凄凉，还有什么？所以它把无助和孤寂写得非常的深沉哀怨，尤其独怅然涕下的悲壮，正是让人有说不出的难过。

全诗的大致意思是，（“我”）站在高台之上，极目远眺，思索和感怀着“我”的人生：既没有古人与“我”类似，也没有后来人与“我”同类。想着这天地悠悠中，“我”成了没有同类的异者，只好独自悲怆地流泪。

想世之浊浊，而“我”自身之察察，没有共功业的同类，没有志同道合的友朋，站在高台之上发思古之幽情，远者为社稷着想，近者感叹自己抱负难以实现，才能难以施展。而韶华老去，大有冯唐易老的感慨，所以就有惆怅得泪流满面的反应了。

此外，这首诗的句式也值得注意，因为在初唐出现这种形式的诗，是否可看成是长短句的先声。若把它看成长短句的先声，不仅长短句的出现的时代要有所提前，而且对一般论者认为的词是发端于花间词等的观点要有所修正，这首诗可看成是豪放派词的一个早期作品而加以重视。

（五十二）

黄鹤楼

唐 · 崔颢

昔人已乘黄鹤去，
此地空余黄鹤楼。
黄鹤一去不复返，
白云千载空悠悠。
晴川历历汉阳树，
芳草萋萋鹦鹉洲。
日暮乡关何处是，
烟波江上使人愁。

这是一首著名的唐诗，有古人把它列为唐诗七律第一。唐代诗人崔颢在黄昏时分，登临黄鹤楼时，面对着汉阳的郁郁葱葱的树木和鹦鹉洲上的萋萋芳草，内心就有了很多的感慨，进而诗兴大发，写就了这不朽诗篇。它以恢宏气势开局，并以游子思故乡的愁绪结尾，诗句表达了一种深沉的道家“隐逸”思想的同时，更对飘零中回归故乡的向往。

全首诗的大致意思是：过去的仙人早已以黄鹤为座驾离开了黄鹤楼，在这里只是留下了黄鹤楼而已，过去的仙人与黄鹤早已不再回还黄鹤楼，与黄鹤楼一道还在的仅仅是白云而已，它们一起悠然地过了千年。（“我”）站在江边远眺，那远在汉阳的树木在阳光下历历在目，鹦鹉洲上茂密的芳草也可看得清清楚楚。在傍晚时分，（“我”）虽站在黄鹤楼上，但“我”的故乡在哪里啊，看着烟波浩渺的长江水，那说不出的乡愁让“我”思绪万千。

为什么这首诗能打动人，它实际上把一种人生的虚空通过登黄鹤楼表达了出来，古代的人，为了功名，大都在年纪很轻时就背井离乡，到处游历，寻找晋身的机会。对崔颢来说，他也游历在外，这次到了武昌，在黄昏时分，登上了有很多传说和故事的黄鹤楼。他临江而立，远眺长江，让他感慨万千。除了想到与黄鹤楼有关的传说和故事外，也一定是想古人、念家人、悲自身的。他思绪驰骋千里，进而诗兴大发，留下能打动人心的诗句。而后人登黄鹤楼后，也有了类似的诗兴，当读到崔颢的这些诗句后，虽然成了“此地有景说不得，崔颢题诗在上头”但内心所产生的共鸣是非常强烈的。

与此类似的还有李白的一首《登金陵凤凰台》，诗句是这样的：

凤凰台上凤凰游，
凤去台空江自流。
吴宫花草埋幽径，
晋代衣冠成古丘。
三山半落青天外，
二水中分白鹭洲。
总为浮云能蔽日，
长安不见使人愁。

李白的这首诗也押 ou 韵，甚至“洲”和“愁”两字相同。它也是登高览胜有感之作。尤其感叹在京城长安，圣上被小人所欺瞒，如同太阳被浮云所遮蔽，致使自己只落得被贬被废黜的境地，不得不远离京城，内心充满了愤慨和失意。

李白的这首诗的最后两句，历来被人认为“费解”，分析具体的原因，就是如何理解“总为”这两个字。如果把“为”理解为“是”，那么“总会”就是“总是”。这样，李白的诗句就不难理解了，它感叹“浮云遮日般”的小人当道，以至于自己难以在朝廷为国（君）出力而倍感失望和悲愤。

（五十三）

登高

唐 · 杜甫

风急天高猿啸哀，渚清沙白鸟飞回。
无边落木萧萧下，不尽长江滚滚来。
万里悲秋常作客，百年多病独登台。
艰难苦恨繁霜鬓，潦倒新停浊酒杯。

杜甫的《登高》诗结构严谨，八句四对，且对仗工整，前面四句写景，且第一、三句写所闻之景，第二、四句写所见之景，把在秋天时分，站在长江边上的所闻所见以恢宏的气势写了出来，且意境深远。后面四句写诗人的身世之态、身世之感，写得辛酸、凄苦、悲凉，让人不忍淬读。

整首诗的大致意思是这样的：在天高云淡的秋天，（“我”）迎着呼呼而吹的秋风，站在长江边的高台之上，听到了猿的哀啼和树木纷纷落叶之声。（“我”）看到了那江中的小岛被清水回绕，因为长江水位的下降，岸边的沙石也因干燥而成了白色，更有鸟儿在空中飞来飞去，极目远眺过去，望不到尽头的长江，那流水正自西向东滚滚而来。（接下来感叹身世）唉，“我”面对秋景，感叹故乡万里且常年飘零在外，愁从中来。一生多病，此时独自登上高台，悲不自胜。历尽了艰难，“我”愁苦地恼恨双鬓上日益增多的白发。衰颓了身心，“我”只好无奈地停喝用来消愁的浊酒。

这首诗，它通过写猿的哀啼声、落叶的萧萧声，把空旷寂寥的环境用声音渲染了出来，同时，通过对近写江中小岛边的江水、沙石、飞鸟，远写从天际而来的滚滚江水的气势，把秋天江水减少，水落渚出，沙石因缺少水分而变白色，鸟儿在秋高气爽的天空中翱翔后返回等可见的景象来表达秋的空旷和落寞。这虽是写景，但同样也是写情。这景的寂寥，自然引起诗人的身世之感。他接下来就感叹自己的一生，一是故园万里，自己常年漂泊在外，历经飘零之苦；二是带病之躯独自登上高台，倍感身心俱惫；三是世事艰难，更恼恨双鬓徒增华发；四是生活潦倒，无奈只好远离解愁的浊酒杯。综合这些，真是有说不尽的愁，道不完的悲，把“万里悲秋常作客，百年多病独登台”的意境表现得淋漓尽致。

杜甫写此诗时，身居夔州，当然离他故乡河南巩县非常遥远，而此时他已过壮年，身体因有病而戒了酒。他在重阳佳节登高望远，心情的沉重自不待言，真如他的诗句“丛菊两开他日泪，孤舟一系故园心”所表述的那样，是切切实实地把秋放在了心上，即是千万多的“愁”。

在唐诗中，悲秋是一种常见的题咏，是否是因为秋天的来临，致使旅人骚客有很多的惆怅发自于心中，所以诉之于笔端的也是一片悲秋的诗词，这令人不得而知。但也有不这样的，如刘禹锡，他写道：自古悲秋多寂寥，我言秋日胜春朝。这也可看成是一样的题咏别样的情调的一种典型例子。

（五十四）

诗经

采薇

昔我往矣，杨柳依依。

今我来思，雨雪霏霏。

这是一首描写士兵哀怨悲吟的诗篇，它借助一位普通士兵独自数算入伍的日子，来表达对穷兵黩武的控诉。

这首诗可以这样来翻译：

（士兵）：当初我被征入伍，与你依依惜别的时候，那还是杨柳青青的早春，妖娆多姿的柳枝，在春风中妙曼摇曳。

我数算那离别的日子，到如今，已经是雨雪飞舞的严寒时节。

这是一首千古名诗，这位普通士兵在自言自语的语境中，虽然表面上，仅是数算已经在行伍中所经过的时日，但实际上，士兵的每一日都不是等闲而过的，他们面对的是战争，是杀戮，是生和死的考验。这具体的每一日，都有非常丰富的故事，这些尽在不言中，让读者自己去意会和想象了。所以，它以小见大地写出了战争的残酷和应征士兵的痛苦，更是情景交融，通过数算离别的日子，强烈地表现了对亲人思念的感情的同时，也强烈地表达了对无尽期的战争的痛恨，十分传神。

（五十五）

过故人庄

唐 · 孟浩然

故人具鸡黍，邀我至田家。
绿树村边合，青山郭外斜。
开轩面场圃，把酒话桑麻。
待到重阳日，还来就菊花。

这是一首充满农家生活情趣的诗篇，作者受邀到朋友家里做客，他们一起吃了、喝了、还聊了，更有意思的是还欣赏了那青山绿树，并相约到九月九时，再到朋友家赏菊，充满了朋友间的深情厚谊。

全诗的大致意思是：田园之家的朋友准备了鸡、鸭和小米饭，邀请我到他家做客，我到了朋友家所在的村落，村落的四周是绿绿葱葱的大树，更有青山在村外。我走进了朋友的家，他家的窗正对着屋外的场院子和种蔬菜、花木的园子。我们坐下来一起聊着，一起喝着、吃着，很是开心，并且相约到了重阳节，我再来朋友家，大家一起欣赏那时将盛开的菊花。

这首诗实际上是一篇结构严谨的记叙文，先说事情的起因，是朋友相邀到他家里去做客，然后把路上所见记叙了下来：先走到朋友家所在的村落，见到的是绿树和村庄外墙外的青山，然后进了村庄，到了朋友家，记下了他家房屋的布局，接下来则是接受朋友的热情款待，坐在一起吃着、喝着、聊着，并接受下次访问的邀约。所以整个《过故人庄》可归纳为：受邀，到访，所见，预约。文理清晰，语言平实，意境清新隽永，成为田园诗中的佳作。

还需指出，以故人庄为参照点，从远到近的顺序来看，应该是先为“青山郭外斜”，然后才是“绿树村边合”。这里反过来组句，估计是考虑到押韵的原因，至少说明作者在谋局布篇中是有所考虑的，并不像有些人说的那样毫无雕琢。此外，“开轩面场圃，把酒话桑麻。”这两句最能传达田园的信息，这里的“面”就是面对，“场圃”两字意义有区别，“场”应该是场子、天井之类的，指房屋前的院子；“圃”是种植蔬菜、花草、苗木的园子，这两字合用，说明这就是农家，并为下面的“就菊花”打下伏笔。不难想象，在九月将盛开的菊花就种在窗对出去的圃子里。“把酒”是指握着酒器，或端着酒杯，“桑麻”泛指一切农事，并不仅仅指与采桑养蚕和种麻绩麻相关的庄稼活。通过与朋友谈农事的方式，间接地表明了作者对农事的熟悉和喜爱，接下来的相约再来赏菊，更体现了作者对田园的喜乐，表达了作者归隐田园，怡然自乐的一种情怀。

今天的人，尤其是久住在用水泥等铸成的森林里的人，难得见到几棵树，更不要说“青山郭外斜”了。读到这样的诗句，内心会有很多感慨，除了感慨古人朋友之间的情谊外，想来对那环境的美，一定也是很向往的吧。

（五十六）

喜见外弟又言别

唐 · 李益

十年离乱后，长大一相逢。
问姓惊初见，称名忆旧容。
别来沧海事，语罢暮天钟。
明天巴陵道，秋山又几重。

这是一首描写处于乱世之中的人们流离失所、颠簸逃难的诗，诗意非常的沉重。在长期的逃难途中，亲人们相见后，已经形同陌路人，好不容易重拾亲情，但因离乱，只得再次离别，各自再逃难到别的地方去。

诗的大意是这样的：“我们”很小的时候就经历离乱之苦，等长大了后偶然相遇，但彼此之间已经形同陌路人了，当彼此询问尊姓大名时，才知道大家本是一家亲。而各自回忆对方小时候的容貌趣事，然后互相诉说各自所经历的逃难苦楚，大家都不胜唏嘘。等彼此说完后，那梵钟在日暮时分凄切地响了起来，那一份怅然的愁绪已经是浓而又浓了。明天，“我们”在巴陵道上又要各自逃难了，何时再能相聚呢？相隔又是多么远啊！

真是有道不完的乱世难，说不尽的离乱苦，和平是多么的重要。海晏河清是何等的重要。从这首唐诗中，能深切地体会到这些。

与该诗相类似的，有唐代窦叔向的《表兄话旧》：

夜合花开香满庭，夜深微雨醉初醒。
远书珍重何由达，旧事凄凉不可听。
他日儿童皆长大，昔年亲友半凋零。
明朝又是孤舟别，愁见河桥酒幔青。

它也是描述久别的亲人短暂的会面后，除了真挚的问候，共同回忆那不堪回首的往事，感叹世事沧桑后，又将无奈分别的情形。

全诗的大致解释为：在合欢树的花香满庭园的夜间，小雨过后，酒醉微醒，“我们”表兄弟久别之后，对坐在一起话当年，那不堪回首的往事不说了吧，可喜的是，那时的小孩都已长大成人。但非常可悲的是，以前的亲友已经有近一半不在人世了。等到明天，你（“我”）独自雇小舟，将要与“我”（你）作别离去，小舟在江河中穿行，消失在送别的视野中，“我”（你）带着别离的忧愁，仅能见到那河桥边悬挂着的青绿色的酒旗而已。

这首诗中的“昔年亲友半凋零”句，显得非常的沉痛，但它是一种自然规律，我们感念它的深沉的同时，更需要对“他日儿童皆长大”心生宽慰和喜悦。

（五十七）

客中初夏

宋 · 司马光

四月清和雨乍晴，南山当户转分明。
更无柳絮因风起，惟有葵花向日倾。

这是司马光客居洛阳时，描写初夏的诗句。之所以选它，是因为它是描写夏天较成功的诗歌之一，一年四季的各个时节都可作为诗歌的内容，进行描写，只不过描写夏天等的诗歌，相比较于描写春天、秋天的诗歌，相对较少而已。

这首诗的大致意思是这样的，天气清和的初夏时分，时而下雨、时而又天晴；家门所对的南山的景色很明显地由春景转到了夏景。此时，早已经没有了随风而飞扬的柳絮，只有那初长成的葵花顶着大大的圆盘，它总是迎着阳光。

诗句中的四月，是依照农历来说的，比照公历，也就是5月中下旬到6月初，这就是初夏时分。在大的方面，以南山的景色的变化作为观察点，在细微的方面，不仅用已经没有了柳絮的漫天飞舞，来说明春天已过，更用葵花迎着太阳的具体描写来告诉人们，初夏已经悄悄地来到了人们的身边。

同样写初夏的还有宋代戴复古的《初夏游张园》：

乳鸭池塘水浅深，熟梅天气半晴阴。
东园载酒西园醉，摘尽枇杷一树金。

它也是描写初夏的著名诗篇，它的地点大致在江南，初夏的指标性的物件是乳鸭、黄梅天气和枇杷。因为黄梅天气是初夏的典型特征，此时也刚好是枇杷成熟的时节，黄梅天气总是晴雨交替，天气就会半晴半阴，而此时相对较暖和，黄毛乳鸭才被孵出来，它们只能在浅浅的池塘里戏水。可见诗人的观察是非常细致入微的。

这首诗的大致意思是这样的，那刚刚孵化出来的小鸭在浅浅深深的水池中游弋嬉戏，黄梅天中晴雨交替，天气总是时雨、时阴、有时又晴，（“我”）到了东园的那一家，拿了些他家所酿造的酒；又到西园的那一家，在他家喝醉了；“我们”更把满树金黄色的枇杷摘得精光。

这首诗通过对初夏时节才出现的天气以及时令水果等进行描写，来突出初夏的风情，所用的手法虽比较普通，但朴实中能抓住时令的特点和地域的特点，所以仍不失为描写江南（江浙）一带初夏的一首好诗。与此相近的还有宋朝曾几的《三衢道中》：

梅子黄时日日晴，小溪泛尽却山行。
绿阴不减来时路，添得黄鹂四五声。

这里所说的是初夏时分，在回衢州的道上的所见所闻，也写得别有风味。

此外，还有宋代张耒的《夏日》：

长夏江村风日清，檐牙燕雀已生成。
蝶衣晒粉花枝舞，蛛网添丝屋角晴。
落落疏帘邀月影，嘈嘈虚枕纳溪声。
久斑两鬓如霜雪，直欲樵渔过此生。

它大致可作如下的解释：江村的夏天，风是那样的清和，太阳是那样的清朗、在起伏的屋檐下，那春天孵化出来的燕子和麻雀等都已经长大。带着粉彩的翅膀的蝶儿在花草边、树枝间起伏飞舞。在晴朗的天气里，屋角边有蜘蛛正忙着吐丝织网。到了晚间，皓月当空，（"我"）掀起稀疏的帘儿，邀月共饮；更轻轻地靠着枕头，在似睡非睡中听着溪水嘈嘈的奔流声。啊，"我"的两鬓早已老年斑点点，更生满了白发，"我"多么想在这里做樵夫、成渔翁，惬意地度过余生啊。

张耒是苏东坡的四大弟子之一，他的这首七律，表达了归隐林泉的一种心愿。诗中对环境的描述十分传神，江村中有淡淡而又清和的风，屋檐下的燕子和麻雀已经欢快地生活了一段时间了，那翅膀上泛着彩粉色光的蝴蝶在树枝间飞舞、屋角下的蜘蛛正忙碌地织着它们的网儿。这些都衬托出环境的幽静和自然生态的优美，让人情不自禁地联想到，这该是"桃花源"吧。

而江村中所住的人，更具有道骨仙风。在晴朗的夜晚，主人撩开疏稀的遮帘，面对清朗的明月，邀它共饮；更在似睡非睡中，静静地听着溪水嘈嘈的奔流声，这种闲适而又惬意的村居生活，诗人被它深深地吸引住了。难怪诗人要“直欲樵渔过此生”——很想过着樵夫、渔翁般的生活，在这里惬惬意意地度过此生。

这首诗，似乎把生活在炙烤难耐的火炉中的人们的那股羡慕劲给吊了起来，那生活在气温40多摄氏度的长长夏天的人们。一旦走在烈日之下，每每感受来自地面的滚滚热气，似乎要把人烤得晕过去一般。读着这样的诗句，除了向往诗人所描写的夏日之外，其他什么都不再侈求了。

以上四首诗都是描写夏日的，有的是初夏，有的是盛夏，地点不同，气候各异，景色、物产也有差别，但都把夏天的特征写了出来。此外，这些诗中的不同的物产，可作为不同地区的物候的例证加以应用，所以诗也是提供具体物候信息的重要来源。此外，以“夏日”作为它们共同的特征，把它们放在一起分析，这就是典型的信息处理方法中的基于聚类（clustering）分析的方法。

（五十八）

玄都观桃花

唐·刘禹锡

紫陌红尘拂面来，无人不道看花回。

玄都观里桃千树，尽是刘郎去后栽。

刘禹锡的这首诗，看似写玄都观的桃花，但实际上就是一首讽刺诗。它通过对玄都观中那些灿然得意的桃花的描写，告诉这些“桃花”们，你们如此得意洋洋，但仅仅是暂时的，等到一定的时候，可能连影子都不能存在。

这首诗大致可作如此的描述：那阡陌之上姹紫嫣红的花儿扑面

而来，大家都争相说着那玄都观前的桃花林的美景，让他们流连忘返。这里的桃树应该很多，总应在千株以上吧，对了，这些灿然妩媚，得意洋洋的桃树，都是在“我”离开长安以后才被栽种的呀。

若把玄都观比作朝廷，而那姹紫嫣红的桃花们比作朝廷新贵，那么，这首诗似乎也告诉人们，这些自命不凡的新贵，一个个自以为非常了不起似的，还不是我刘郎被贬离开朝廷后新晋的而已。

这首诗具有很强的讽刺当朝权贵的意味。

与这首《玄都观桃花》相对应的，他还写了一首《再游玄都观》：

百亩庭中半是苔，桃花净尽菜花开。
种花道士归何处，前度刘郎今又来。

这两首诗两相对照，真可谓是让人百感交集，曾经紫陌红尘、灿然鲜艳的桃花林，若干年后，刘郎重返京城，再游玄都观时，已经是“桃花净尽菜花开”了，也就是桃花已廖无影踪。

全诗的大致意思是：那玄都观原来的百亩桃林早已衰败，现在看过去大多是苔藓而已。那盛开着菜花的地方，原来可种着漫烂的桃花的呀。“我”还要问，那种桃花的道士（道观的主人是道士）现在到哪儿去了呢？离开此地的“我”，今天又来了呀，可惜这些桃花都早已不在了。

同样的，把玄都观这个地方比作朝廷，桃花比作新贵，那么，这正是此一时、彼一时啊，这些因机缘凑巧而得一时之宠的新贵，早已消散得无影无踪了。若把这些比作两股互相斗争的势力，桃花比作邪恶势力，而刘郎所代表的是正义的力量，那么，似乎也正说明着一种“邪不压正”，虽然邪恶者得一时之势，但最终还是被（刘郎所代表的）正义所战胜。

这两首诗，虽说的是桃花，但实际上揭示的是一个普遍的道理，因哲理深邃，所以历来被人们所喜爱。

刘禹锡可谓是写哲理诗的高手，他的一首《石头城》也非常的出名：

山围故国周遭在，潮打空城寂寞回。
淮水东边旧时月，夜深还过女墙来。

这首诗也深具哲理，把一种兴衰的道理通过对故国和空城的寂然荒芜的描写，深刻地揭示了出来。世事如流水，其兴也勃，其亡也忽的道理可谓跃然纸上，具有很强的艺术感染力。大有“古今多少事，尽付笑谈中”的从容和悲凉感。

全诗的意思大致是这样的：已消亡的王朝，它的边际仍被四周的山峦包裹着，那已经废弃的城池，被潮水拍打着，正显得落寞而荒芜。看啊，淮水东边的月儿，仍不减当年的风采，在夜深之时，朦胧的月光，还婆娑着这边的矮围墙。

世事沧桑，一时的喧闹，在时间老人看来，都只是至暂至短的闹剧而已。在历史的长河中，都归于无有。这似乎在告诫因机缘而得势的新贵，别太过得意，最终还都如诗句所写的，归于虚无啊。

这首诗还深具佛家的“常”和“无常”的佛理，它让人们把眼界放得远一些，不被一时的热闹所蒙蔽，同样具有圣经中的智慧，尤其在智慧书中的《传道书》，它大致也表达这层意思。从文学思想的角度来看，这些不同源的书籍，似乎能彼此汇通，互有诠释。这一点也为从事文艺批评研究的学者，提供不同的视角的同时，更提供了互相比较和相互印证的平台。

这里把刘禹锡的三首诗归在一起讨论，前两首实际上是一个整体，它通过前后游玄都观前的桃花的不同，以表达“世事如流水，兴亡一瞬间”的道理。《石头城》这一首也表达了同样的意思，无论故国、还是空城，它们曾经的繁华和热闹，在时间的长河中，都铅华褪尽，任凭风吹雨打而已。

（五十九）

时世行

唐·杜荀鹤

夫因兵死守蓬茅，麻苎衣衫鬓发焦。
桑柘废来犹纳税，田园荒尽尚征苗。
时挑野菜和根煮。旋斫生柴带叶烧。
任是深山更深处，也应无计避征徭。

这首诗所表现的情感非常沉痛，它通过对一位因战争失去丈夫的妇人的住处、衣着、肤发、田间桑柘树和秧苗的数量变化、饮食及生火煮饭的柴火等的描写，不仅控诉了统治者的穷兵黩武，更对它残暴地征收苛捐杂税等的征徭进行了深沉地控诉，尤其是这种苛捐杂税，如同无形的天罗地网，这位妇人正是无处可逃，这不由得让人想起孔子所说的“苛政猛于虎”这句话。

全诗大致可解释为：丈夫应征而亡的这位妇人，只好贫穷地守着蓬茅做盖的草房，她身穿用苎麻织就的粗布，面黄肌瘦，头发蓬松发焦（显然是营养不良）。她家早已不再养蚕，原有的桑园和柘园早已废弃，但还需缴纳与养蚕相关的桑柘税赋。本来用来种植的田园，早已荒芜，但还需缴付禾苗税等田赋杂税。她因缺粮，只好时常采集野菜，更舍不得把野菜的根丢掉，用连着根的野菜煮熟充饥，因无现成的柴火，只好把刚刚砍来、尚未晒干的柴草，连着叶子用来生火做饭（柴干了，相应的叶子才会脱落）。唉，这么辛苦，不管她住在更加偏僻的深山老林之中，她也没有办法逃脱得了相关的苛捐杂税。这可正如同无形的网罗，把她束缚得无处可逃啊！

这样沉痛的诗词，让读者读出了辛酸，无助和无奈；当然也读到了作者的怜悯之心。

（六十）

桂源铺

宋 · 杨万里

万山不许一溪奔，拦得溪声日夜喧。

到得前头山脚尽，堂堂溪水出前村。

杨万里的这首诗，非常的清新活泼，它用平实的语言，讲了一个基本的道理：自强者虽被各种的势力所压迫，但只要够坚韧，一定能够战胜一切困难。

这首诗的大致意思为：在深山中的溪水被万山阻断而难以轻易奔流而出，只好在群山中迂回曲折且日夜喧闹。溪水终于到了前头山脚边的村落，就堂堂正正、浩浩荡荡地流出前村奔向前方，去实现伟大的理想。

杨万里的诗别有一格，我们对它的感受是散文化倾向明显，所以看似不经意的词句，在他那里就组合得很好，体现出非常强的出奇制胜的功力。这首桂源铺的诗，描写奔流的溪水虽被万山阻隔而终究堂堂正正流出前村的过程，有力地说明了一种新生力量排除万难的气概。我们都很喜欢这首诗，我们读了它，就觉得很有力量，把它看作了激励我们前进的一种力量，我们的人生，这就需要百折不挠的勇气和韧性，如同本在深山中的溪水，历经千辛万苦，历经千困万难，努力出山奔向远方。我们把这首诗做压阵之选，表达对它的喜爱和敬重。

此外，因这首诗的文字浅显易懂，而意蕴真切绵长，很多人喜欢它，如胡适先生，他不仅把这首诗作为自勉的文字，更作为鼓励他人的格言警句而常常写了赠送给他们，可见他对这首诗有多喜爱。

附录　对胡适先生评苏东坡《临江仙·夜归临皋》词话的一点新解释

苏东坡是宋代的大词家，他的《临江仙·夜归临皋》，是一首绝妙好词，词是这样的：

夜饮东坡醒复醉，归来仿佛三更。
家童鼻息已雷鸣，敲门都不醒，倚杖听江声。
长恨此身非我有，何时忘却营营？
夜阑风静縠纹平，小舟从此逝，江海寄余生。

胡适先生非常爱背这首词，他说道："这是一首好词，只有一句不好……"他又说："……儿童是没有鼻息的，就是有鼻息，也不能用雷鸣二字来形容。这就是说得太过分了。这是东坡的偷懒，不肯造句，这首词就是这一句不好……"这些话引自胡颂平先生所编的《胡适之先生晚年谈话录》中的1960年5月4日之内容。看来胡先生对于"家童鼻息已雷鸣"有看法，他认为家童就是儿童，他们都很年幼，呼吸不会很重，苏东坡用"雷鸣"来形容家童的呼吸，并不恰当，由此认为苏东坡不肯动脑筋，只是偷懒而已。胡适的理解我认为是不大站得住脚的，有必要给胡先生挑挑刺。

苏东坡所写的家童，这里应该指的是苏东坡住处的仆人或他的跟班等性质的佣人，苏东坡写这首词的时候已经近五十岁了，所以这个家童的年纪不会很小，这个家仆不会处于幼年或少年，也不大可能是青年，只有这样才符合实际情况。一个家童，需要他做点事情，比如做家务或附带随着主人出游时提一点儿挑一点儿或拿一点儿，这就需要有一定的年龄。否则的话这个家童是胜任不了这样的工作的，所以我们可以排除他是一个幼年或少年的家仆。另一方面，他也不大可能是非常有气力、正当年的家仆。原因是苏东坡住在临皋的时候，他正倒霉着，正是牢狱之后被贬到黄州的，他经济能力和政治地位都很糟糕，他不可能雇得起最好的佣人，所以只好将就些，雇了一个有一定年纪，手脚尚算勤快，但一干活就很容易感觉疲劳的仆人。那天晚上，主人出去喝酒了，这位仆人，料理了家务后，已觉疲劳，早早的睡去了，苏东坡在夜深回到住处，正是这位家仆睡得正沉正香的时候。当然他的鼻息就很响，几乎可以与雷鸣相比，就有了“敲门都不应，倚杖听江声。”的句子。

这位胡先生，看到“家童”两字，就很主观地认为是“家里的小童”，所以有这样的评说。我们把它改过来，同时把对苏东坡的责备，也一并于以修正，结论是苏东坡并没有在造句上面偷懒。

第三部分

关于语言及成语的若干讨论

一、语言的源与流

历来有人研究语言与文字之间的关系，有一种观点认为：语言发展到较完备的状态的时候，文字就顺其自然地产生了，就其形式上的关系而言，文字充当了一种载体或工具，它把语言完美地表现成了符号，这给人类带来了许多难以想象的好处。在人类发展的漫长历史长河中，正是这些文字，不仅为后来的人类的发展提供了坚实的基础，同时也引导和指明了人类的发展方向，为人类的进步创造了重要的前提条件。

进一步深入分析，不难发现，这些观点，看似言之凿凿，但缺少关键性的精准描述，首先，如何较好地界定“较完备”，其次，如何描述“顺其自然”。这两者是语言和文字之间的起源、发展演化和彼此关系的重要内容，有必要进行合乎道理的解释，这样才有说服力。

语言与文字之间的若干问题，不仅需涉及人类群体，还要涉及种群中的具体个体，因为人类个体离不开族群，在族群中的不同个体之间需要的交流和协作，是以某种载体或工具作为具体纽带的，这个纽带既要体现时空的特性，还要适应个体的器官的相关功能特性。在时空的特性方面，针对时间来说，既要能适合实时或当时的，同时还要适合历史的、纵向的。针对空间来说，既要符合相同地点（on the same scene）的，也要符合在不同地点的或者说不同场合的。在适应个体器官功能方面，可以这样来看，若把人体看成一个信号或信息系统，那么他是实现信号的发送、处理和接收集为一体的综合系统，这个纽带就需要与这个综合系统有高度的契合。由此，就可对语言进行基于描述性的定义，它可表述为，语言是一种用来实现人类的不同个体之间的彼此交流和互相合作、通过由此及彼地传递信息或表达意义的一种最广泛的约定性的载体或工具。这个描述性的定义，实际上给出了语言的目的、功能和方式，这里尤其所强调的是“一种”载体和工具，不仅体现在不同的人类种群可以有不同的语言，展现了语言的多样性，还表现在对于具体的人类族群中使用的载体的形式的多样性。除此外，还需强调，语言是一种载体，但不是唯一的，也就是存在其他形式的载体，它们同样能起到类似的功能。但是相比较于语言来说，它们仅是局部的、受限的，它们没有语言所具有的广泛性的约定，或者可被看成最终语言形成过程中的一种雏形的具体样式，或是一种雏形的亚类。它们在不断演化过程中，最终形成了一种相对固定的约定和样式，这种基本定型的样式就构成语言。它体现了语言作为最广泛性的约定的特性。

语言(注：这里仅考虑一般性的语言，诸如盲文等通过触摸等方式辨认的不在考虑之内)在具体形成过程中，一定要与人体的器官功能实现相适应。对人体来说，能够作为信息接收的器官一是眼睛，二是耳朵。眼睛用来看“形”，或接收基于“形”的符号的信息，而耳朵用来听“音”，也就是耳朵用来接收以“音”为符号的信息。所以，语言需要包含以“音”和“形”为具体形态的符号，而以音和形为不同的符号形制，但都需要独立地表达和传递信息，信息在语言中的基本含义在表现在具体的意义上。由此，可获得如下的具体表述，语言可通过以“形”的符号及其组合和“音”的符号及其组合来传达意义。从信息处理的角度，可作图 3–1 具体图示。

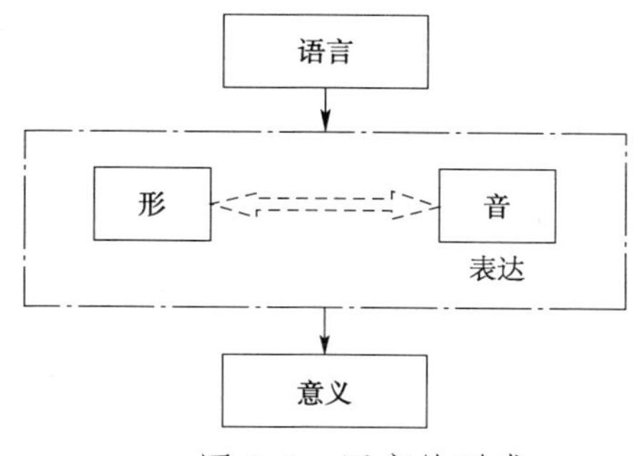

图 3-1　语言的形成

在图中，语言的描述可简化为“语言是用来表达意义和思想的工具”，而采用“形体”的，还是“声音”的，则是两种具体的不同方式而已，它们既有互相的独立性，同时又存在相互之间的关联，这些关联不能用单一的函数或映射关系（the relationship of function or mapping）来确定。尤其对于“声音”来说，因为“音”的种类仅是有限种。因此它总是存在着重复的现象，这就是相同的音，表述不同的意义。同样的以形的表达来说，也存在相同的“形”表达不同的义的问题。

进一步，根据信息系统的观点，除了信息的接收外，还需要信息的发送，也就是需要有具体的信源，与人体器官功能相匹配的基于“形”的方式的信源，这就是书写所成的文字，无论是使用手，还是其他什么器官，一定是以书写为基本特征的。而用“音”的，则一定是与发声器官所适配的。当然随着技术的进步，通过机器或什么仪器设备来产生基于“形”和“音”的信源，这些仪器等可以被看成是人体器官的延伸和拓展。

因此，文字是实现用“形”来表达和传递意义的符号，它成为语言的重要组成部分，是实现语言传递信息（表达意义）的一种重要的具体工具。

基于上面的讨论，我们来分析有“现代语言学之父”之称的菲尔迪南·德·索绪尔在《普通语言学教程》中的关于语言与文字的观点："语言和文字是两种不同的符号系统，后者唯一存在的理由在于表现前者。"显然，这是一种不够精准的观点，它把语言当作了具体的声音符号，并把文字与语音（声音）之间用确定的关系加以固定。与索绪尔的观点类似的还有张巨龄，他认为："文字只是记录语言的工具，是工具的工具。"他不仅把语言等同于语音，更把文字作为表征语音的工具,这有点类似于亚里士多德所认为的"文字是语言符号之符号"的观点。

在这里所提出的"语言在具体形成过程中，与人体器官功能实现相适应。"的观点，不仅可解决语言起源的问题，还可由此回答为什么在不同的族群中，具体的语言表现形式不一样的问题。实际上，在同一个族群中，个体的起源相近甚至相同，具有共同的基本的生物学特征，如基因特征等。这些反映在一个个具体的个体上，就是他们的发声器官和书写器官等具有较多的相似性。这些相似性在语言的产生过程起到的作用，表现在不同的族群，具有不同的语言，对于说的部分是这样，对于书写的部分也是怎样，它实际上就是语言的生物学基础。对于语言的音的部分来说，发声的是声带的振动。在同一族群中，个体之间有相近甚至相同的生物特征，他们的声带振动的方式和特点也就非常相似、甚至相同，久而久之，这为他们之间形成共同的语音创造了条件。具体地说，他们用来彼此交流的声音通过固定化、规范化等处理后，成为他们之间共同的关于"音"的语言。在语言的形成过程中，由于具体的族群不同，关于"音"的方面的语言也就不相同。同样的道理，关于"形"的方面的语言的形成也是如此，进而，不同的族群就具有不同的语言种类。

还需指出，语言是"音"和"形"的统一，但"音"的出现应该在前，也就是先出现关于"音"的语言，然后才有关于"形"的语言，“形”的出现，就是文字的出现，这也是语言起源中的一个大问题，它涉及文字由谁创造、如何产生等一系列问题。就汉字来说，早已有人关注这些问题了，对汉字是谁造的问题，一般的观点为“仓颉造字”或“上古结绳而治，后世圣人易之为书契”等观点。仓颉造字，可以看为是以仓颉为代表的圣人们共同造字，而《易经》中所说的“圣人易之为书契”而造字，若把仓颉们看成圣人，那么两者并没有什么实质的区别。实际上，在族群所组成的团体（如氏族部落等）中，有一些人被指定专伺记录的工作，开始用结绳的方式，在这些的基础上，通过类似于画线条等方式加以改进。通过不断的演化推进，在团体中形成共识，从而确定了最原始的文字。这过程是渐进的，在最后定下来之前，还需借助团体的领导力量，如氏族部落的首领的威权力量的强力推行和维持等。而这些用来伺职记录的人们，他们形成了一个阶层，如在《圣经》里所述说的“法利赛文士”，代表了团体（氏族部落等）的文化建设者。至于如何具体创造文字，以汉语为例，一般认为写字就是画画儿[1]，如《周礼》等认为有六种具体的方法，具体的，如有象形，谐声、象意（会意）等，这可以从历史中得到具体证据，如西班牙的Altamira洞里的画，我国在阴山区域中的岩画等。但这只能说是具体造字的一种方式而已，其他的方式同样是存在的，不妨举几个关于英语的例子：“写”在英语中是write，之所以是这样，是因为在书写时发出沙沙的刮擦声，

---

[1] 关于写字就是画画儿的观点，可见鲁迅的《门外文谈》，他分别就汉字基于象形和谐声的成形过程进行了分析。提出了汉字是“不象形的象形字，不十分谐声的谐声字”的观点，很有见地。汉字在形成过程中，最基本的是要适合人体的用于写的器官的功能特性。“去繁化简”是促使文字变化的一个最基本的策动力，也就是如何便于书写，最大限度地契合书写器官的功能特性。无论是汉字，还是其他的文字，它都是促使逐步演化的内在因素。

这表现在“音”上就具有“r”的卷舌音。而且不光是在英语中是这样，法语、德语中也是如此。又如“s”，本身既是象形的弯弯曲曲的长虫，又有拟声的“咝咝”音，所以，蛇就写成 snake，它也可被看成拟声造字的一例等。迄今，虽然人们还不知道圣人是怎样的用书契来代替结绳的，想来结绳的具体图案不同，相应的书契也就会不同，甚至是结绳过程中的先后顺序不同，也会形成不同的书契符号的。这一点，以信息处理的观点来看，也就是只要两个结绳中有一点不同，那么所对应的书契也就不同。从符号的角度看，它们无非是在原有的表征基础上，再加以第二次或更多次的具体表征而已。所以，我们的观点是画画和书契易结绳，以至于其他的各种方法都是存在的，是众多先民们各尽所能地创造，然后再加上仓颉们的采集、整理、确定和有权者的强制推行，通过多个繁复和不断补充完善，才把这一套符号变成了文字，它实际上也可被看成推行标准化的过程。

根据上面的分析，从语言形成的过程以及语言与意的对应统一，图 3-1 可用图 3-2 进行具体表述。

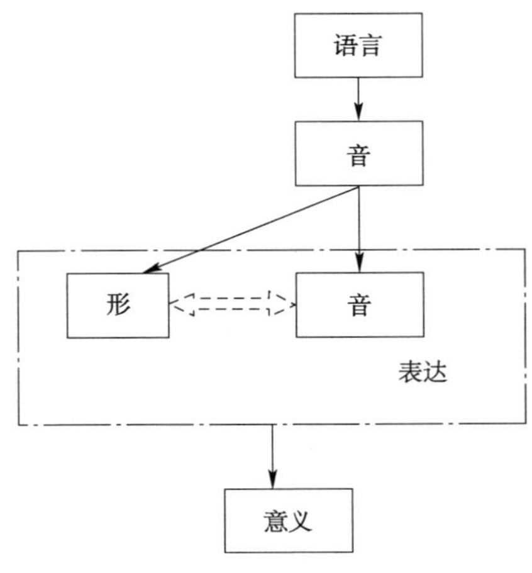

图 3-2 语言形成的基本过程

二、语言的变化特性——变与不变的统一

无论是作为以音表述的语言，还是作为以形表述的语言，它们总是处于不断的演变之中。在小的方面，如一个具体的发声的改变，一个具体的形状的改变，这些具体而微的都是明证。在大的方面，则可涉及一个具体的语种的消亡或再生，在消亡方面，具体的如古希腊语言，又如有些少数民族的语言，很多尚处于口口相传，文字尚未出现的阶段，因战争等外力的作用，致使民族语言的消亡。而消亡后再生的，则当属希伯来（Hebrew）语言，它曾一度消亡，但同样的借助于政治力量等的作用，得以再生，成为现今 Israel 国的第一官方语言，这堪称奇迹。这件事情本身具有指标性意义，也就是，它反映了语言是族群和社会中的一个组成部分，它受制于其他社会力量，体现了它的从属性。

随着时间的推移和社会环境等因素的变化，语言展现出一定的变异性外，它还有一个相对稳定的不变性特性，这一点尤其重要。因为具有了相对的固定性，它被使用后，所表达或传递的意义才不会随时随地地改变，才能起到正确无误地传递信息和表达意义的作用，才能成为媒介。同样的，正因为这个特性，它可以穿越时空，实现古今和中外的对话，这一点不仅可表现在以形表征的符号上，还表现在以音表征的符号表述上，作为以形表征的符号，最鲜明的例子就是文字的记载，而以音表征的符号上，则可用口口相传的说唱诗史来举例，如阿昌族的长篇诗史，就用说唱的方式一直传承了

下来，直到现在。

对语言的变与不变来说，虽然变是绝对的，不变是相对的，但它实现了变中展现不变，以及不变中存在变的辩证统一，展现了语言的活的（alive），富有生命活力（vividly active）的特性。这也就是说，语言在变化过程中，通过已变的，可以倒过来获得变之前的，由此得到了对语言的所处状态的和纵向的变化过程的把握。这是了解和分析历史的重要手段，业已在历史等的大门类的学科中获得了很好的应用，发挥了卓越的作用。

此外，语言的变与不变的统一，反过来还可以影响到社会结构、政治、经济等其他的社会要素。对一个国家或地区来说，疆土的统一往往以语言文字的统一为重要条件，这也就是文化侵略作为侵略的重要组成部分的理由之所在。由此可了解当年日本侵略者在中国东北、台湾推行的文化殖民的险恶用心了。

三、成语的形成探析

语言是符号的表述，很自然地需要明确被表述的对象。这所表述的对象，实际上就是具体的内容，从信息论的观点，就是具体的信息。它们通过符号的表述，被依附在这些具体的符号之中，与符号之间建构了一种彼此共存的存在状态。那么很自然的就是语言成为表述和记忆文化的载体，通过载体，了解文化的意蕴，反过来，由于意义的表述，来选择合适的载体——语言的具体使用。

所以，在很多时候，语言与文化在某种程度上达成了统一。通常的情况下，一个个音或形的单元，构成最基本的意义的表述，进而组成意义表述的基本单元。然后，通过对这些单元进行基于一定规则的排列组合，就可完成完整的意义表述。这些具体的排列，实际上构成了有限个基本单元所组成的集合中的序列（sequence or series），而且是离散的（discrete）。这一点对所有的语言都是成立的，不论是以图形结构组合为主的汉语，还是以字母拼写为主的其他语言（如英语等），都可看成是一系列的基本单元的具体排列。而排列所应遵循的规则，它至少涉及两个方面，一是单元排列成词，二是由词构成句子并成片段，直至成文以及进一步的扩展。这两方面的规则就是语法（grammar）的两个重要组成部分，一是词法，一是句法。这些规则，是语言表述的具体绳准，它们的形成虽有习惯成自然的因素，一旦形成后，是具有很好的相对固定性的，这一点汉语如此，其他语言也是如此。在汉语上，虽所谓的现代的语法研究发轫与二十世纪的初期，如刘复的《中国文法通论》等相关著作，但实际上，作为汉语的表述，语法规则是一直存在的，它们往往采用已有的语言表述，来示范或规范后来的语言表述。这正如孔子在论到诗时所说："不学诗，无以言"，基于这一点，古人通过背诵经典来提高自己的语言水平，似乎也有一定的道理。更有意思的是，通过背诵的方式不仅把语言学会了，而且学通了，在这过程中也学会了"言"、学会了作文。所以，它还是存在相当的合理性的。

语言表述意义，所形成的样式就是文化，它要么记言、要么记事和记人或彼此的综合，然后被传承了下来。传承的形式是多种多样的，其中绝大多数是以文章等整体的形式存在和传承。但在具体的传承过程中，由于有些记事的故事或记言的言语非常经典，它所表达的意义与所对应的记事或记言的片段的标题或简单的概括相对应。慢慢地，这些标题或概括（包括声音的和文字的）成了记言、记事的完整片段的表征符号，它成于一语（语言），很自然地被称为成语。这里的"成"，就是"现成"或"完成"（finished）的意思，是指它业已完成了语言符号的基于基本单元的排列组合，业已成为一个整体，被固定了下来，在具体的符号表述中不能被拆分。这个"语"字，并不是单单指词语（word and vocabulary），应该是指短语（phrase），既可以是一个词语，也可以是相对较短的句子，它们统一于语言符号的表述之中。

成语，它总是与相关的古代文化典籍或口口相传的故事有关。从它的起源来看，它是古代的，但从具体的使用来看，它是现代的，是人们还在日常使用的活的（alive）语言，它成为语言发展过程中连接"古（历史）"与"今（现在）"的纽带。更是由今窥古的重要的窗口，或是语言变化发展过程中的一种具体的样本和活的化石，具有十分重要的意义。

成语在语言的表达中，兼具词与句的双重身份，往往与典故等相伴随，因此它具有强烈的文化背景，深具文化底蕴。这不仅表现在对成语的理解上，还表现在成语的具体使用中。尤其是在成语的具体使用过程中，由于既要确切地领会成语所表达的意思，同时又要恰到好处地把它用在具体的场景中，使之表达出具体的、确切的意义。因此，成语的表述自然成为展现表达者的具体学养的重要指标。

四、成语现象的出现是语言的共性表现

成语的出现，不仅在汉语中有，在其他语言种类中也同样存在。在汉语中，由于古典文献的汗牛充栋，它们中的一些具体的情节等被固化后，形成了具有固定表述的习惯语，或者被众相引用而固定下来，所以它类似于习语，或可被看成习语的一种具体表现形式。而语言的形成和发展总是伴随着悠久的历史，并以大量的经典作为展现语言的具体形式的，这些不仅可以是文字形式的，如中国的《易经》《尚书》《论语》等，同样的，也可以是口口相传或是说唱的。所以，借助与已有的方式，来表达当下的意义，不仅成为可能，更成为一种语言历史的传承与发展的统一。

与汉语相类似的，其他语言中同样存在很多经典，以及由经典所派生出来的习惯语等，以英语为例，它的形成、变化发展过程中虽然吸收了很多外来的语言，但无疑以 Chaucer 的《Poem of Westminster Abbey》、Shakespeare 的戏剧等的出现，为现代英语的最后确定，奠定了坚实基础。此外，英语《圣经》的版本的确定，在英语的发展过程中也起到了非常关键的作用，其他还有如神话故事、童话、生活习俗以及近现代时期的文学作品、文娱活动等，都成为形成成语（习语 idioms）的来源，这些被大众所广泛引用的词语或短句，同样包含了很多特定的含义，这里举一些具体的例子加以说明。

在 Shakespeare 的著作中，有：

Shylock——夏洛克，原是《The Merchant of Venice》中的一个人物，成为习语后，指为贪婪的守财奴的代名词。

Ones pound of flesh——一磅鲜肉，也出自《The Merchant of Venice》，成为成语后，被指为，分毫不能少的债务。

Out of joint——脱臼，脱关节，这出自《Hamlet》，成为成语后，它的意思变为情形失控，乱七八糟。

Green-eyed monster——绿眼妖，出自《Othello》，但它成为成语后的意思是“好嫉妒的人，很嫉妒别人的人。”

在 Shakespeare 的戏剧作品中，除了这些基本上以几个“单词”组合为主的成语外，还有一些以句子为主的，如在《奥赛罗》中的“不是每个人都能做主人，也不是每个主人都能有忠心耿耿的仆人的追随。”（ We can not all be masters, nor all masters cannot be truly followed.）(Othello)；在《李尔王》中的“虚之因，虚之果”或“虚因得虚果”（Nothing will come of nothing ）（King Lear）；在《安东尼和克里奥帕特拉》中的“智慧是命运的一部分，外界的境遇会影响内心的判断。”（Man’s judgments are a parcel of their fortunes; and things outward do draw the inward inward quality after them, to suffer all alike.）(Antony and Cleopatra)。

同样也有出自 Chaucer 的作品中的成语，如出自《Trollus and Cressld》中的 A nine days’ wonder，本来的意思是九天的惊奇，作为成语后的意思转变为“轰动一时的大事件”。

在英语中，圣经的相关内容非常普及，人们日常引用圣经的话语、典故很多，慢慢地，由圣经所产生的成语也非常多，如：

The scapegoat——替罪羊。

Ruth——贤德的女子。

The daughter of horse-leech——吸血鬼。

Olive branch——和平。

Samson——大力士。

Samson’s hair ——力量的源泉。

David spares Saul—— 以德报怨。

Delilah overcomes Samson——美人计。

Curious as Lot’s wife——十分好奇。

Benjamin’s mess——最大的一份。

Covenant of salt——一诺千金。

Coat of many colors——偏爱，恩宠。

Gird one’s loins——作好准备。

Separate the sheep from goats——分辨良莠。

The kiss of Judas ——背叛的信号，出卖的信号。

等等。

这里的 Ruth、Samson、David、Benjamin 等都是圣经里的人物，其中 Ruth 是一位孝顺和贤德的儿媳妇，她的事迹在旧约《路得记》中有完整的记载。Samson 是大力士，他的力量的源泉是自己的头发，他爱上了一位住在 Valley of Sorek 的非利士（Philistine）女人 Delilah，Samson 被 Delilah 利用。所以，Delilah overcomes Samson 被赋予了“美人计”和“以柔克刚”等意思。大卫王是以色列历史上著名的国王，他的相关事迹在旧约的《列王记》中有记载。Benjamin 是 Israel 十二个儿子中的一个，与 Joseph 是同父同母的兄弟，因此 Joseph 给这些兄弟礼物时，Benjamin 的是其他兄弟的 5 倍，所以是最大的一份，具体的故事情节可在旧约《创世纪》中找到。而 coat of many colors 是指在 Israel 的十二个儿子中，他最宠爱 Joseph，并为他单独做了彩色的衣服，后来就用此来表示特别的恩宠。Judas 是 Jesus 的十二个门徒之一，是他出卖了 Jesus，并用亲嘴的方式告诉来抓 Jesus 的兵丁，因此后来就用它来表示出卖的信号。

成语除了以上所述的来源外，还来自神话故事、童话、历史事件等，它们也很多，在这里不妨也举几个例子，如：

Fish in troubled waters——浑水摸鱼，趁火打劫。

A fairy godmother——救苦救难的人，救星，活菩萨。

Rain cats and dogs——狂风暴雨。

Put your trust in God，but be sure to keep one's powder dry——枕戈待旦；保持警惕，时刻待命。

John Hancock——亲笔签名。

Hobson's choice——不二选择，选无可选。

Mustard after dinner ——马后炮。

Strike while the iron is hot——趁热打铁。

Carry coals to Newcastle——多此一举。

Much cry and little wool——雷声大，雨点小。

To fiddle while Rome burns——漠不关心；事不关己，高高挂起。

等等。

在这些例子中，其中 Mustard after dinner 来自欧洲人的风俗。一般的，芥末（Mustard）作为佐料，应该在吃饭时先端上来，而不是饭后再端出来，它就有了“马后炮”的意思。to fiddle while Rome burns 来自一个具体的历史事故，古罗马的暴君 Nero 酷爱唱歌和弹琴，他纵火焚烧罗马，一边观火，一边弹琴（fiddle），对人们的灾难一点都不关心，后来就把 to fiddle while Rome burns 来形容漠不关心。顺带说一句，暴君 Nero 焚城的故事已有影视作品出现。carry coals to Newcastle 的意思为多此一举，因为 Newcastle 以盛产煤而闻名，把煤运到那里纯属多此一举（那里煤本来就多得很），所以该成语就有了这个意思。还有 Hobson's choice 中，Hobson 是一位出租马匹的商人，他租给人家马时，是不允许他的顾客选择的，否则的话就不出租了。因此，作为租马客是一点儿选择的余地都没有的，所以，后来就用它来表示“选无可选”。John Hancock 来自美国，John Hancock 是美国独立宣言上的签名者之一，以所签的名字体形巨大而著称，后来以此来专指亲笔签名。

进一步，不难发现，虽然汉语与英语分属不同的语系，但因为都是语言，都具有表征意思的功能，所以它们之间还是有很多相通的地方。在成语方面也有相近、甚至相同意思的表述，如，中文的“趁热打铁”与英文的 strike while the iron is hot，就是一个典型的例子。

虽然仅举了汉语和英语的例子，但由此不难发现，成语，不是汉语所特有的现象，而是一般语言中出现的普遍现象。所以，成语实际上是历史上的语言在现实表达中的影子，是语言发展过程中的历史积累，是语言发展过程中的自然而然产生的结果，深刻地体现了语言的历史厚重感，并随着语言发展，会越来越多。

五、对成语基于语义信息论的分析

无论成语的来源如何不同、组成形式如何变化、组成成语的字数如何的差异，但它们实际上所产生的功效是相似的，可以被总结为并不直接表征符号所组合的意义。这一点不仅是成语的特点，也是成语学习的难点，尤其是那些以具体典故为支撑的成语，更是只有在充分了解典故的基础上，才能较自如地运用。它们作为符号，所表达的意思应该更丰富。如何定量地描述成语所表述的意思，这需要应用语义信息论中的相关理论。

语义信息论是信息科学理论发展中的一个新分支，它不同于传统的 Shannon 信息论。本质地讲，Shannon 信息论就是概率论的一种具体应用，它通过借鉴热力学中的熵（entropy）的概念，来描述事物（科技方面称之为事件 events）的不确定性。而语义信息理论是以语义信息作为研究对象的，语义信息可被定义为以符号所携带的信息的意义，实际上，作为符号载体，它携带了一定的信息，信息随着载体（如 signal、message symbol、character、ciphertext 等）进行发送、传递、接收等，从而完成信息的传播，这信息总是包含了一定的意义的，这个就是语义信息，针对语言来说，语言作为工具和载体，那么这个语义信息就是具体的语言的含义。它既可以是词的含义，也可以是短语（phrase）或句子（sentence）、甚至是段落（passage）或短文（article）的含义。

现今，已经有很多语义信息的定量表达方式，虽然有些仅还处在研究者的创设[1]之中，尚未得到广泛的认可，但相关的基本思想为语言的研究提供了很多新的见解和有用的启迪。假定以一般的语言符号单位所组成的词语的语义信息量为 $I_{vocbulary}(x_1, x_2, \cdots, x_k)$，其中 x_i，$i=1, 2, \cdots, k$ 表示组成这个词语（Vocabulary）的语言符号的基本单元（Unit），k 是长度，因为语言符号总是离散的（Discrete），所以这样的假设是合理的，那么对于成语来说，它的语义信息量可表述为 $I_{idiom}(x_1, x_2, \cdots, x_k)=(1+\alpha_1+\cdots+\alpha_i)I_{vocbulary}(x_1, x_2, \cdots, x_k)$，这里的 $\alpha_1, \cdots, \alpha_i$ 是具体的正系数，它们反映了成语背后所承载的其他信息内容，如具体典故的意思的表述、典故所对应的场景、言外之意的延拓程度、其他环境对该成语的影响程度等。特别的，当这些影响因素都不存在，那么成语的语义信息量就等同于一般的词语的语义信息量。因此基于这样的成语语义信息量的表述也是合理的，而且从语义信息来说，它总是满足 $I_{idiom}(x_1, x_2, \cdots, x_k) \geqslant I_{vocabulary}(x_1, x_2, \cdots, x_k)$，这也符合成语表述的普遍规律。

语言作为传递信息的载体，它本身实际上符合通信的基本模型的，也就是“信源→信道→信宿”，相应的语义信息量与对应的信源和信宿有关。因此，成语的语义信息量除了针对成语本身所携带的基于语义的信息量的描述外，还需要被定义为发送成语语义信息

---

[1] 信息的具体量化的方式有很多，传统的如以概率的泛函为基础的量化方式。此外也有以隶属度的某些函数作为量化方式的。具体的，如《信息科学原理》中就有对语义信息量的具体定义，那里借助逻辑真实度的概念来定义事物的模糊度，把模糊度作为描述不确定性的一种变量，它可类比于概率。然后，类似于 Shannon 熵的定义，通过对模糊度取对数运算的方式获得相关的定量描述，在此基础上来定义单纯先验语义信息量、单纯后验语义信息量和类似于互信息实得语义信息量。具体可见《信息科学原理》中第一部分的相关内容。

量和接收成语语义信息量。它们之间因为具体的对象不同，就会产生一定的差异，也就是用该成语来表达意思者（写者、说者等生成信源者）所要表达的语义信息量并不总是等同于接收者（读者、听者等接收信息者）所理解的语义信息量。因为，它已经加入了不同主体的主观的东西。所以，发送成语语义信息量和接收语义信息量的复杂性的程度应该更高。因此在引进成语语义信息量的表述时，需要有多个参变量 $a_1,\ldots, a_i$ 和其他的约束条件来加以约束。

为了更简洁直观的说明这个问题，不妨举一个例子来说明，先看一段文字：

甲：我这个也不行，那个也不行，只能走这条路了，正是“逼上梁山”啊！

乙：你走这条路，是“逼上梁山”？

从甲所表述的来看，他是被逼的，是走投无路的表现，所以用了“逼上梁山”这个成语，把一种无奈、无助的意思表达了出来，它被直接说出来要包含更多的被逼无奈的意思，尤其用了“！”，更强调了这层意思。所以它展现了较丰富的语义信息。而对乙来说，虽也用了“逼上梁山”这个成语，但显然他并不认同甲的意思，尤其用了“?”，它这里的语义信息至少不能完全等同于甲所用这个成语所要表达的语义信息量。这就反映了语义信息量受环境等因素影响而有所差异的特性。

从这个简单的例子的分析，不难看出，基于语义信息分析的方法，可很好地分析成语的本质特性，更可根据语义信息量的界定，来定量地分析成语在具体语言表述中的差异性，为精准化、精确化地描述成语提供理论依据。

六、成语使用的一般模式分析

成语作为具有固定搭配与形式的语言符号，它在表述中的具体模式也有别于一般的语言符号的集体表述。语言符号在具体的基于排列和组合的过程中，总是以基本的字或词作为单位（unit）进行一定的组合，来表达和传递具体的意思。这些基本单元符号与所表达的意思之间，是直接的对应关系。而用成语作为语言符号表述时，首先从形式上看，它是一个具体的块结构（block），也就是要整体地使用它，不能从中间抽某些基本单元，也不能改变它的顺序（order）。其次在基于意思表述时，一定要把成语背后的典故等的完整的意思充分理解和领会。然后，把想要表达的意思与典故等所表达的意思进行比较，是否彼此符合，在确定彼此符合的前提下，才用该成语进行具体表述，而且若所想要表述的意思与成语后面的典故的意思越接近，则该成语表达得越到位，也就是越体现使用者的真实意思表述和具体的学养（反映了对语言为载体的文化的理解程度），也越被接收者所认可和激赏。实现了以最少的符号表达最多的意思的目的。从某种意义上讲，实现了最优化处理。

基于通信模型的成语使用模式，可作如下的具体概括。

以通信模型为基础的信息传递模式下的成语使用模型，可用图 3–3 表示。

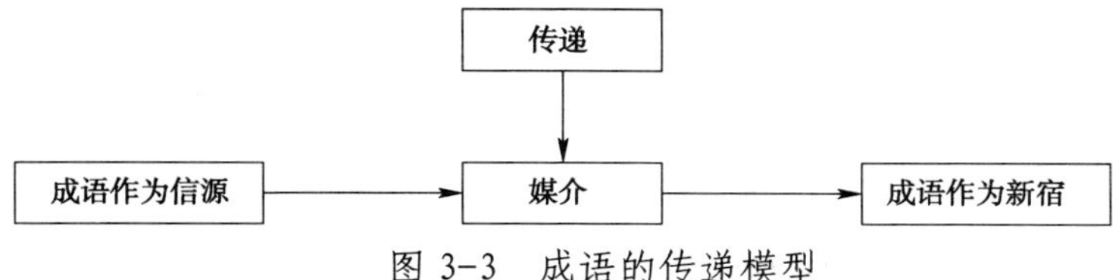

图 3-3　成语的传递模型

作为信源的成语使用的具体模型，可用图 3-4 加以概括。

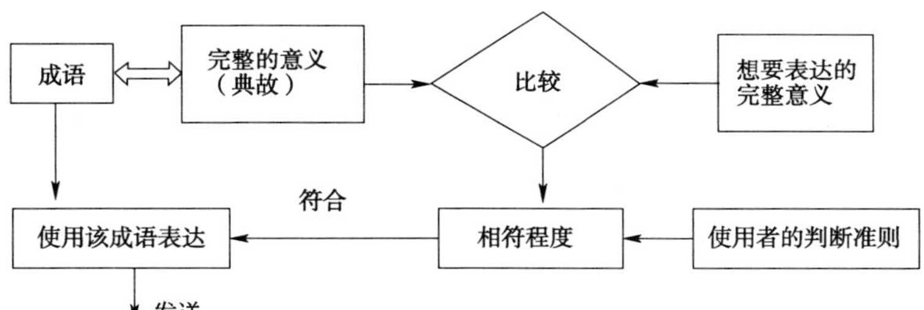

图 3-4　发送成语表述的一般模型

作为信宿的成语使用的具体模型，可用图 3-5 加以概括。

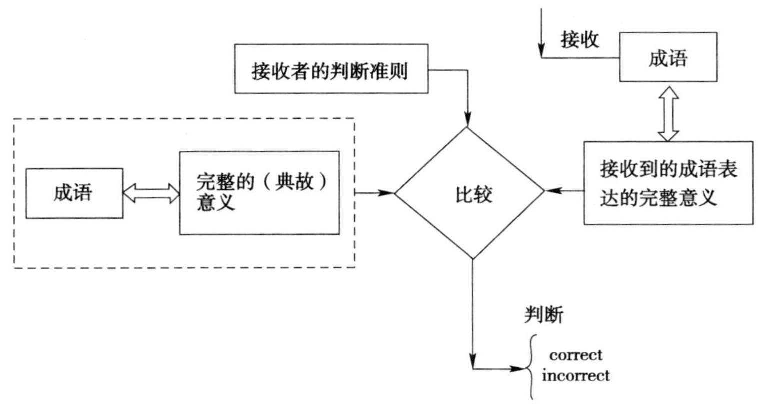

图 3-5　成语使用模型示意图

从上述成语的具体使用模型中，可以清晰地看到，它的具体使用方式是有别于一般的语言符号的表述的。正因为它具有这样的特点，它实际上起到了一种文化传承的作用，某种意义上讲，它很好地实现了“古为今用”。这就是文化的绵绵不断和生生不息。所以成语既是历史的，又是现代的，更是历史与现代的统一。它恒久弥新，成为了解文化，尤其是传统文化的一种具体活体样本（alive sample）。

从图 3-3 中不难看出，这个模型中基本的思想就是：所选成语的意思与所要表达的意思之间的互相匹配。它实际上就是典型的模式识别，包含特征的提出，基于特征的相似值计算，比较判断等具体过程。针对成语的使用来说，在相似函数的计算中，可以用语义信息量来代替特征。这样把它看成是一个滤波器的话，它就是基于语义信息的匹配滤波器。

还需指出，使用成语表达者在具体选择成语的过程中，虽然以成语的意思与所想要表达的意思进行比较，在彼此相符合的前提下才使用。但在这个过程中，使用成语者可以很好地发挥主动性，这不仅体现在对成语的理解程度上，还表现在具体的表达过程中。对成语的理解程度，集中体现在对成语背后的典故的把握上，成语除了通常被约定成俗的意思外，还可根据使用者适当的创意，获得在特定语境中的特定的意思。表达者以此来做特别的表达，不仅可且到好处地表达意思，获得很好的表达效果，同时也可很好地体现表达者深厚的学养和高超的语言驾驭能力。

附录　成语分析的四个具体例子

成语不仅仅是一个词语，它背后还包含着古典文化的累积和传承，一个人能很确切地使用成语，不仅需要了解这个成语背后的典故，还需要建构典故与现实之间融汇的桥梁。唯有这样，他所使用的成语才算成功。如胡适先生在《四十自述》中用“逼上梁山”作标题，他把成语故事中林冲的走投无路，唯有上梁山这条路的情景与他自己要提倡新文化而别无他法的情形进行了对接。通过使用这个成语，把他发动新文化运动是被逼无奈的意思很传神地表达了出来，这是使用成语表达具体意思的一个好例子。大凡了解“逼上梁山”成语的人，总是能丰富地感受到其中的意蕴。由此，也能很好地理解胡适当时的情形。

很多成语既有词语的功能，也蕴含着文化，要深入了解成语的含义，也需要较好地熟悉中国的经典文化。朱自清先生对此有深刻的领会，他为此还专门写了《经典常谈》。受他的启发，同时也为更好地说明上述分析，这里选四个比较有特色的成语作为例子，加以分析，权且作为上述论述的补充。

1. 不耻下问

“不耻下问”就是“不以下问为耻”。下，在这里解释为谦卑地，谦虚地；耻，即为耻辱或可耻，它的意思就是：不认为以谦卑地问和学为可耻。学问、学问，就是学和问，要谦虚地问问题，求得问题的解决、学问的增长。这是非常重要的途径。

这个成语出自《论语》，子贡问曰："孔文子何以谓之文也？"子曰："敏而好学，不耻下问，是以谓之文也。"一般的理解认为孔圉（孔文子）聪明又爱学习，常向比自己地位低下的人请教，且一点儿都不感到羞耻。由此把"不耻下问"理解为：指不以向学问或职位较低的人请教为耻。以突出孔文子的较高的社会地位。这样，这个"下"被理解为地位或学问不如自己的，中间就有了一个自己与别人之间的比较，这样的解释实际上是非常牵强的。因为，向别人请教时，并不知道对方一定是学问比自己低，此外，倘若已经知道对方地位比自己高，那么就不向他请教，似乎与敏而好学并不相符合。所以，这个"下"字，理解为"谦卑地"，也就是孔文子用谦卑的态度来问学，应该是合理的。孔子看到了孔文子的优点，孔子自己也认同这些，他不仅这样说，也这样做。孔子最终成为一位了不起的人物，被人认为"生民未有""大成至圣"的"素王"。

2. 凿壁偷光

壁，墙壁。这是一个美丽的故事。相传在西汉的时代，有一位叫匡衡的人，他家里很穷，没有钱买蜡烛，所以一到晚上就没有办法用点蜡烛来读书，他就在与邻居相连的墙壁上凿了一个小洞，这样邻居家的蜡烛光通过小洞照到了他家，他就可以借着这小小的烛光来读书了，后来就用"凿壁偷光"形容勤学苦读。与它相似的故事有：悬梁刺股、囊萤映雪等，其中囊萤映雪（náng yíng yìng xuě）指的是把萤火虫抓起来放在囊中，用萤火虫发出的光来照明，供阅读之用；映，指映照，借用雪的反光来读书。在极度贫困的状态下，还要努力读书，这种精神很是令人感佩。

此外，单纯地从这四个字组成的词来看，它的意思仅是“在墙壁凿个洞，把隔壁家的灯光偷过来。”把这四个字作为成语后，它通过具体的故事情节，不仅包含了字面的意思，同时还引申出“勤奋好学”的意思，可见它确确实实有扩展语义的功效。

顺带还需指出，作为成语背后所隐含的故事本身，不能以合理与否加以推敲，不能因为它的经不起推敲而否定成语的意思表达。以“凿壁偷光”和“囊萤映雪”来说，有人提出疑义：白天不读书而凿壁，晚上靠着隔壁的灯光穿过墙壁而读书，何不白天好好读书，晚上休息？把白天捉萤火虫的时间用来读书，不是很好吗？这些质疑，似乎可说明这两个成语并不是很合理。但因为它们业已成为了成语，它们的意思就相对固定了下来，不再以成语本身的不合事理而被否定，这也可看成是成语的一种特性。

3. 屠龙术

这是《庄子》中的一个故事，它非常有名。原文是这样的：“朱平曼向盖里奇学屠龙术，殚千金之家，三年，技成，而无以用其巧。”大致意思就是一个叫朱平曼的人，向一个会杀龙的师傅学习如何杀龙，他把千金之家的家财都耗尽了，学了好多年，终于学会了如何杀龙，但是，他没有地方来施展他的屠龙技术，原因是世上没有龙让他来屠杀。

庄周可谓是寓言（Fable）大师，在《庄子》中，有很多瑰丽的寓言故事，这个故事也不例外。庄周在构思这个寓言故事时，本来想要表达的意思，可大致归纳为：一个人在着手学习之前，先要想一想，不要学空头的、不着边际的东西。这一点要引起足够的重视。庄周为了表达这层意思，他通过《屠龙术》为标题的一个完整故事来阐述。慢慢地，屠龙术这三个字与这个完整的故事之间建立了对应的意思表述关系，使得这三个字所包含的语义信息量与整个故事的语义信息量相等。所以它成为成语(Idiom)后，它的语义信息量要比这三个字本身组成的词语的信息量要大，它可被看成是一个典型的例子。

选这个作为例子还有一层意思是，意在说明成语作为具体的词语，它所组成的字数并不是一定要四个字的。《现代汉语词典》中成语的定义是，强调成语的组成字数以四字为主，这无形中给人一种印象，组成成语的具体字数是四个。但在实际中，三字的、五字的，甚至更多字的成语还是存在的，如：百闻不如一见、醉翁之意不在酒、桃李满天下，等等都是。

成语的具体字数的不确定，不仅在汉语中存在，在英语中也同样存在，这些可在上述的关于英语成语的具体例子中找到具体例证。

此外，对“屠龙术”来说，它实际上是受时间的限制的，随着时间的过去，对一个具体的技术或手艺来说，今天看来是屠龙术之类的技术，明天可能就变成了非常实用、非常普通的技术，尤其在科技发展日新月异的当代，这种情况几乎是天天在发生。在技术研究领域，不仅要重视现有的技术的具体应用，还需要重视对今天来说还是屠龙术一类的技术，这就是技术创新的储备。所以有必要做到既务实，也就是重视现实，又具有发展的眼光，也就是重视未来。

4. 莫须有

南宋的岳飞被十二道金牌调回后，不仅不让他再掌握兵权，而且被抓起来下了大狱。那时的另一员大将叫韩世忠，听说岳飞犯罪下大狱，觉得非常生气，他碰到陷害岳飞的秦桧，就质问秦桧，岳飞到底有什么罪，秦桧理亏，吞吞吐吐地说，罪，莫须有，就这样搪塞过去了。由此，就有了莫须有这个词语，把它理解为：可能有，或许有。显然，这是一种不确定的说法，秦桧等人用不确定性的罪名来定岳飞的死罪，岳飞在劫难逃，最后只好屈死在风波亭中。

“莫须有”很可能是南宋时代的口语，它很类似于当代的“或许有”，而且读音非常相近，意思更是十分接近。这是个有趣的现象。所以，是否有一种可能，本来秦桧说的就是“或许有”，但因为记叙的问题，被写成了“莫须有”，这里只好存疑。

类似的例子还可以举一个，根据钟叔河先生的《青灯集》记述，同样在杭州，有一种特产叫“蓑衣饼”，但它实际上就是“酥油饼”，只是两者因读音非常相近，长期以来，杭州老百姓非常喜欢的“酥油饼”就被读作了“蓑衣饼”。从此以讹传讹，大家只知道“蓑衣饼”而不再知道“酥油饼”了。

还有一种可能，因为“莫”是不的意思，“莫须有”就是不需要有。当韩世忠质问秦桧，岳飞到底犯了什么罪时，因秦桧得到宋高宗赵构的支持，完全有理由很傲慢地回答韩世忠，岳飞的罪“不须要有”——也就是杀害岳飞不需要给他加任何罪名的，因为君要臣死，臣不得不死。秦桧通过说“莫须有”也就是“不须有”，实际上很明白地告诉韩世忠，这是皇上要岳飞死，你还有什么话好讲。同时也有威吓、警告韩世忠，你得要放老实一点，否则也有你受的。韩世忠受秦桧的恫吓之后，是否后来变“老实”了，不再过问朝中的大事，这不得而知。但韩世忠后来确实不怎么管事了，他不再像年轻时那样勇于职守，以抗金和收复失地为己任。这是巧合？还是确实被秦桧恫吓后的反应？在这里也只好存疑。

“莫须有”不管做何种解释，对于用它来作为杀害岳飞的理由，除了理由不正当外，程序也是不正当的。以今天的司法来看，他在未确定具体罪证的情况下，把一个朝廷的重臣（岳飞已经做到枢密副使，相当于今天的军委副主席，级别也到了从一品）抓起来，同样的，在未确定具体的罪证的前提下，在或许有罪或不需要罪名的模糊概念的前提下，把岳飞杀死在风波亭。所以，证据不足和程序瑕疵是显而易见的，只能说是权贵践踏司法。这完全是一种草菅人命的行为，完全是中国司法史上的一个恶例。难怪人们同情岳飞，憎恨秦桧，用生铁铸造了他们夫妻的模样，让他们双双跪在岳飞的坟前，还写下了“青山有幸埋忠骨，白铁无辜铸佞人”的对联。据说杭州的百姓还不解恨，把两个面粉团捏在一起，比作秦桧和他夫人王氏，投到油锅里煎，被称为“油炸鬼——油炸桧”。又用春卷皮把“油炸桧”和葱包起来，在热锅里考热，被称为“葱包桧”。今天，这些都成了杭州的名小吃

所以，成语不仅是语言表达的有效工具，更是文化传承的重要模式，它丰富的意蕴和深厚的文化内涵，成为人们了解历史、文化的重要切入点。

后 记

国学的概念非常宽泛，它不仅涵盖了我国传统的各种文化典籍，还囊括了我国各地区的不同的文化习俗，它更可被概括为我国的传统文化的总和，堪可被看成为包罗万象的一个数据库，构成人们研究分析的原始资料的集合。所以，“输入学理，整理国故”就可被看成是对该资料集合或资料库中内容的分析研究，进而在某种意义下可被看成是信息处理。

自从信息论和控制论等被创立以来，基于信息处理的方法的应用范围不断拓广，很多有远见卓识的学者，早已应用信息处理的理论与方法来解决相关研究领域中的难题，如常州的赵元任先生，早在二十世纪中叶，信息论及控制论等刚创立的时候，就把信息处理的方法应用到语言学领域中。自二十世纪八十年代以来，国内也有相关学者把信息处理的方法应用到《红楼梦》等版本的确认、作者的认定等考据方面的研究等。但必须看到，它是以具体的相对复杂的数理为基础的，要熟练地应用它来解决具体问题，需要有卓越的数理基础做背景，在具体的实际应用中还存在着一定的困难，应用信息处理的方法来研究社会科学、文学等具体问题，还需要有更多的具体业绩的支持。唯有这样，这种研究方法才能越来越被人们所重视。

本书的面世，汇合了很多的机缘凑巧。在繁忙的教学、科研之余，本来是不可能还有余力涉足国学研究领域的，但在阅读Wiener 的《Cybernetics》的时候，常常有感于他把相关理论和方法应用到社会科学所获得的新颖结论，总觉得在国学的相关研究领域中也可做相似的尝试，由此选择了《论语》、诗词、成语故事等从小读熟的具体内容，对它们做基于信息处理方法的相关梳理和研究，进而形成了一篇篇具体的文章，随着积累的增加，早已够得上出一本一定篇幅的书籍了。但因手边的事情总是千头万绪，以及长期的忙乱，只好先把这些文字束之高阁。去年因另有事情需去杭州图书馆，在处理事情的间隙溜进了书库，无意间翻阅到了金克木先生的相关书籍，其中有好一些文章就是应用信息论的方法加以分析讨论的，这让我眼睛一亮。金先生的相关文字给我做了某种启示，让我更坚信采用信息处理的方法来研究传统国学的方法是可行的。在今年的三月间，与浙江省社科联学界的领导餐叙中，不知是什么由头说到了用信息分析的方法研究传统国学的话题，得到了热情洋溢的鼓励，认为很有结集出版的必要。综合上述各种因缘，我就决定腾出一段相对集中的时间，来专心处理这些文稿，通过在暑假中两个月的努力，终于完成了最终的定稿。在书稿的完成之际，除了感叹于冥冥之中凡事皆有定数以外，也生发了具体的希望，希望通过本书的出版，在国学等领域中应用信息处理的治学方法，也能被大家所关注和重视。自从二十世纪上半叶胡适先生等提出“研究问题、输入学理、整理国故、再造文明”的口号以来，虽有很多学人，把传统的乾嘉考据方法与其他新出现的方法进行综合运用，在国学研究上取得了很好的成绩，但这些不是整理国故或国学研究的终结，而仅仅是阶段性的成果而已。整理国故或国学研究是一个不断发展的过程，随着新发现、新方法等的不断出现，相应的整理和研究的成果还会不断涌现。对包括国学研究在内的众多社会科学来说，信息论的基本方法无疑是一种新颖的方法，它在这些领域的研究中能够发挥积极的作用。还需指出，胡适先生所提的这个口号是有可商榷的地方的，尤其是“再造文明”的提法，虽然展现了他的宏大气概和愿望，但实际上就是一个大而无当的牛皮话，文明岂是说造就可造的一个物件？迄今为止，难道已有多个中华文明吗？实际上，对在漫长历史中发展起来的文明来说，至多仅是进步或进化，使之更加适应于时代前进的需要而已。所以，今天的借助于与时俱进的先进方法来挖掘、整理、研究包括传统国学在内的相关资料，应该是“研究问题，输入学理，整理国故，进化文明”，这样既符合实际，又更加切实可行。

凝聚了多年心血的这本书籍，终于可付梓出版了，对我来说，它既是前期工作的总结，更为后续的研究打下坚实的基础，它弥足珍贵。在这里，感谢一切知我、责我的朋友的同时，也感谢出版社的支持，出版社深邃的目光、卓越的见解，编辑先生们富有创意的版式设计，一丝不苟地审校，为本书增色不少。

末了，真切地希望读者诸君喜爱这本书籍，并从中获得有益的启迪和帮助，更尽可能地将信息处理的方法来应用于包括国学在内的诸多领域中的研究，每一份努力，每一份付出，功不唐捐，这便是本人殷切的祝爻了。

张焕炯

2015 年 10 月于杭州